電気技術発展の秘話
—技術を陰で支えた人々—

矢田 恒二 著

OHM
Ohmsha

まえがき

　本書は、電気総合誌『ＯＨＭ』の 2016 年 7 月号から 2018 年 3 月号まで 21 回にわたって連載した内容を、時代を考慮し、事例を 7 幕に分けて再編集し、まとめたものである。この連載を書く動機になったのは、私家版『回転電気機械の系譜』（2015 年）を執筆した際に、集めた資料の中に本文では書ききれない面白い内容があることに気が付いたことにある。

　元来、電気技術史の中には物理学の中でも重要な位置を占める文献、実験結果などが数多くあり、その創始者の名前は記録され、その原理名も電気技術の基礎になったものとして燦然と輝いている。しかし、その名声を得た人、あるいは原理も、実際はまったく独立に思考し事例を重ねて得られた例はなく、多かれ少なかれ、それまで積み重ねられてきた発見や事象のうえに、また、その時代に同時並行的に行われていた研究と切磋琢磨し、独創性を生かして成功した事例が、これを成し遂げた人の栄誉と共に歴史的事実として記録されているのが普通の姿である。

　しかし、その陰で、名声が確立したことにより、周辺事情が忘れられてしまった例が多く見られる。本書は、電気技術が 19 世紀に勃興し、発展した事績の陰に隠れて表に出なかった人達、あるいはその人達を支えた人々の業績を表に出そうと心がけて執筆した。

　本書が、電気技術に何らかの形で関わっている人々の知識を広げる材料として位置付けられることを期待している。

2020 年 3 月

矢田　恒二

電気技術発展の秘話
―技術を陰で支えた人々―

【目 次】

第1幕　電流とはどういうものか ………………………………… *1*

  1．磁場の第一発見者は誰か ………………………………… *2*

  2．フランクリンは凧を揚げたのか ………………………… *8*

  3．電流を測る試みには様々な方法が考えられた …………… *15*

第2幕　電気から回転力を作り出す ……………………………… *23*

  1．誰が電流を回転力に変えたのか ………………………… *24*

  2．アラゴは「アラゴの円盤」に相応しい人物なのか ………… *31*

  3．電磁石で回転力を得るための工夫 ……………………… *38*

第3幕　電気機械の発展の苦労話 ················ **45**

1．整流子を考え出したのは誰か ················ *46*
2．電機子の最初の形は円筒形ではなかった ··············· *54*
3．自励発電方式の発明者は誰か ················ *62*
4．実用電源として交流が使われ始めたのはなぜか ··············· *70*
5．変圧器が出現するまでのいきさつ ··············· *78*
6．変圧器の鉄心構造はどのように決まったのか ··············· *85*

第4幕　電動機の乗り物への応用 ················ **93**

1．最初の電気機関車開発は苦労の連続だった ··············· *94*
2．電車の集電方法にはいろいろな方法が試された ············ *103*
3．電気自動車が発明されるまでの道のり ··············· *111*

第5幕　遠くまで電気を送り届ける ··············· **119**

1．情報伝達手段として電気が使われるまで ··············· *120*
2．長距離に電気を送る試みは古くからあった ··············· *128*
3．交流電源の周波数はどのようにして決まったのか ········· *135*

第6幕　生物電気技術の発展のウラ話 ··············· **141**

1．電気による人体実験は死刑用電気椅子で結実した ········· *142*
2．蛙の実験から生物電気技術が始まった ··············· *149*

**第7幕　年譜：回転電気機械は
　　　　どのように発展してきたのか** ················ *157*

第 **1** 幕

電流とはどういうものか

1．磁場の第一発見者は誰か

　1800年のボルタ（Alessandro Giuseppe Antonio Anastasio Volta（1745-1827）、イタリア）による電池の発明は、それまで静電気しか知らなかった当時の科学者の間で大変な驚きを持って迎えられた。すでにフランクリン（Benjamin Franklin（1706-1790）、アメリカ）によって雷が電気であることは知られていたし、様々な形態の静電発電機も発明されていた。そして、電気が金属によって瞬間的に伝わることも理解されていた。また、電荷をわけの分からない一種の液体のようなものとして捉え、これをニュートン（Isaac Newton（1642-1727）、イギリス）はエフルビア（Effluvia）と名付けている。さらに静電気は瞬間的に放電すれば、すぐにはもとの帯電状態に戻らないことも知られていた。そして、放電による火花は静電気の特徴的な現象として理解されていた。つまり、ボルタが電池を発明した頃には静電気の性格についての知識が、かなり共有されていたと見ることができる。

　このような背景から、当時の人はボルタの発明した電池は静電発電機とは異なったもので、電気を発生する性格を持っていることも理解した。それは火花を発生することで明らかであったが、継続的に電荷が流れることに驚いたのである。

　ボルタが電池を発明した動機は、ガルヴァーニ（Luigi Aloisio Galvani（1737-1798）、イタリア）との生物電気に対する論争の中で、電気が金属間の化学的作用で発生することを見抜いたことであったが、この発明をさらに発展させたのがファラデー（Michael Faraday（1791-1867）、イギリス）の上司でもあったデービー（Humphry Davy（1778-1829）、イギリス）で、電気分解理論の基礎を作った。これは電気と化学を確実に結び付けるものであったが、電気の新しい現象である電流が、これ以外にも他の現象と結び付くのではないかという期待が醸成されていた。その中で新しく電気と磁気の間が結び付くことを見付けた画期的な論文が、エルステッド（Hans

Christian Ørsted（1777-1851）、デンマーク）によって 1820 年に発表された。

　彼はデンマークのコペンハーゲン大学の教授であったが、1820 年の春、ボルタ電池の効果を学生に示すために、電極間を白金線で結んでそれを発熱させようとしていた。その時に、白金線の下に置いてあったコンパス磁石が動くのを見付けたとされている（図 1）。しかし、この時なぜそこに磁石があったのか、あるいは実験目的が発熱であったのかどうかなど、その時の状況は正確に伝わっていない。この現象に気付いた彼は電線と磁石の位置、磁石の動きを調査して、地磁気以外に磁針に及ぼす何らかの力が電線の周りに渦巻き状に存在するとの結論を得た。そして、これを当時の学者の発表手段でもあったラテン語によって 1820 年 7 月 21 日付けのパンフレットを作成し、フランス科学アカデミーに送った。

　この結果はただちに英語、ドイツ語、フランス語に翻訳され、この情報はヨーロッパに急速に広がり、ファラデーやアンペア（André-Marie Ampère（1775-1836）、フランス）による電流と力の関係の発見につながる。さらに電流と磁気と力学を相互に結び付けるきっかけとなり、ひいては現在の電動機や発電機の基礎技術の確立にもつながった。

　この画期的な発見により、エルステッドの業績は不朽のものとして高く評価されることになったが、その後、実は電気と磁気の相互作用の発見は、彼が第一発見者ではなかった、との主張が出てきた。その記述が、著名な百科事典ブリタニカの 15 版（1979 年）に記載されている。その人物とは、法学者ロマニョーシ（Gian Domenico Romagnosi（1761-1835）、イタリア）

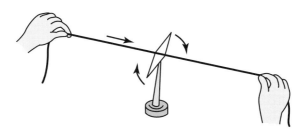

図 1　エルステッド効果

とされた。

　彼は 1791 年に法学に関する書物を書いた人物で、当時フランス領であった北イタリアのトレントの市長を務めていた。しかし、1799 年にその地域はオーストリアに占領されたため 15 か月間囚われの身となる。この時、彼は刑務所の中で物理学の勉強をしたとされている。そして、1801 年にこの地をフランスが取り戻した時に解放されるが、同じ頃、やはり北イタリアにいたボルタによる電池の発明はナポレオンの評価も得て一躍有名になっていた。そして、この新しい装置によって様々な実験が方々で行われる。デービーやエルステッドの実験もその延長線上にある。

　その初期の段階でロマニョーシは自らボルタ電池を組み立て、一方の電極に銀の鎖をつなぎ、その端をガラス管の中に通し、ガラス管を手に持ってコンパス磁石のケースに触れた時に、磁針が従来の地磁気の方位とは違う方向に振れるのを観察した。このような実験をした動機は分からないが、新しい電気が他の現象と結び付いているのではないか、という疑問だったかもしれない。

　この記事は 1802 年 8 月 3 日付けのイタリアの雑誌『Trento』に掲載され、さらに同年 8 月 13 日に同様の記事が他の雑誌『Roveretio』に発表された。いずれもロマニョーシ自身が記述した論文ではなく、記者の報告記事である。また、それらはイタリア語で書かれていたため、イギリスやフランスで直接読まれることはなかった。しかし、1804 年にアルディニ（Giovanni Aldini（1762-1834）、イタリア）とイザル（Joseph Izarn（1766-1847）、イタリア）が、それぞれパリで出版した書籍の中で、このロマニョーシの実験結果を紹介した。したがって、電気と磁気の間には何らかの関係があるのではないかという情報は、1805 年以後には知られていた可能性がある。

　そこで問題は、エルステッドが 1820 年に発見した現象に関して、彼が第一発見者としての名誉を持つにふさわしいものであったかどうかに関わってくる。つまり彼はこの現象を発見する以前に、電気と磁気との関わりを予測していたのではないかという疑問であり、もしそうだとすれば発見の剽窃でないかという批判であった。

　彼は大学卒業後の1803年頃ヨーロッパを遊学し、様々な人物に会っている。その中でもドイツでボルタ電池を使って電気分解の研究をしていたリッター（Johann Wilhelm Ritter（1776-1810）、ドイツ）との出会いは、電気と化学の結び付きを理解するのに役立ったが、同時にロマニョーシの電気と磁気の関わりの情報もリッターから得ていた可能性がある。

　なぜならエルステッドの発表以後、デービーもすぐさま1820年11月16日にこの発見についてのコメントを発表しており、そこにリッターの論文の紹介をし、その中にロマニョーシの成果についての記述があることを記している。このことは、リッターのもとにいたことのあるエルステッドが彼の現象の発見当時、電気と磁気の関係にまったく無知であったとは考えにくく、その状況証拠はいくつかある。そのため彼の最初の報告にこのことの言及がないのはフェアでないと言われてもやむを得ない面がある。これにより彼の発表以後、この点からの批判が噴出したのも当然であった。

　ボルタの電池が発表されて電池と化学の結び付きが明らかになった背景には、錬金術から始まった化学に関してラヴォアジエ（Antoine Laurent de Lavoisier（1743-1794）、フランス）によって、かなりその知見が蓄積されていたことがあった。しかし、磁気現象については、地磁気との関係や、クーロン（Charles Augustin de Coulomb（1736-1806）、フランス）などにより雷が磁石の極性を変えるという指摘はあったものの、それ以上の整理された知識はなかった。そのため電気と磁気の結び付きがあるかもしれないとの予測が広く共有されていたかどうかは疑わしく、未知の領域であった。

　したがって、1802年にロマニョーシの記事が発表されても、それほど注目を集めた気配もなく、いつの間にか忘れられるような状況にあったのは当然かもしれない。それがエルステッドの発見により18年も前の実験結果が、にわかに注目されるようになった。その時、併せて掘り出されたのがモジョン（Giuseppe Mojon（1772-1837）、イタリア）の実験である。モジョンは薬学者であるが、ロマニョーシの実験より少し後で、ボルタ電

池のそばに 20 日間水の中に放置されていた鋼製の縫い針が磁化したのを観察したというものである。しかし、これは本人自身の報告ではなく、アルディーニがモジョンから聞いた話として紹介されていた。

それならばロマニョーシやモジョンの実験がエルステッドの発見と同質のものであったのだろうか。まずこの両方の発見とも本人が自ら執筆した報告でないことが、学術世界では基本的な弱点と言える。そのため実験条件が曖昧である。後に体系化される理論の基本的な条件が押さえられた発見であったかが問題となる。

その観点で見ればモジョンの発見は、リッターも主張しているように、地磁気の影響を受けただけではないかという指摘も当時の理解としては的外れではないと思える。一方、ロマニョーシの実験はどうであろうか。

紹介された記事だけ見れば、一方の電極から延びた銀鎖の一端を、磁石の箱に接触させただけのように読める。つまり他方の電極からの導線の行方が分からない。そのため磁石には電圧が与えられただけで、電池から電流は流れていないので、磁石の周辺には磁界はないように思える。つまりこれだけでは磁石の針は動かない。

しかし、電池と磁石の距離が近ければ、電極からの導線を使わなくても、自己放電による磁界を検知して磁石の針は動く可能性がある。このことは乾電池で実験してみればよく分かる（**図 2**）。当時の知識では、このようなことは分からなかったと思われる。しかし、磁針が動く可能性はまったくないわけではない。この観点に立てば、モジョンの実験もそれなりの事実はあると思われる。つまりエルステッドのように明らかに流れている電流と磁気の関係を示すものではなかったが、電気と磁気を結び付けるヒントにはなり得た実験結果であった。しかし、この実験は周辺の知識が少なかった時の実験であり、発見の時期が早過ぎたと言える。

エルステッドはその後、ロマニョーシの実験についての記述をしたことはあったが、生涯、自分の発見の先見性については譲らなかった。一方、ロマニョーシはエルステッドが論文を発表した当時生存していたが、自らのプライオリティを主張することはなかった。

図2　自己放電による磁界の変化（電池を近付けると磁針の方向が変わる）

参考文献

（1）矢島祐利：電磁気學史，岩波書店，pp.81-86，1950
（2）Phil. Trns. Roy. Soc. Lond, Vol.111, pp.7-19, 1821
（3）Mojon, Joseph：Biographical Dictionary of Italians, Vol.75, 2011
（4）Frederick Gregory：Oersted and the Discovery of Electromagnetism, University of Florida, 1998
（5）Roberto de Andrade Martins：Romagnosi and Volta's Pile：Early Difficulties in the Interpretation of Voltaic Electricity
（6）Nota di Sandro Stringari e Robert R. Wilson：Storia delle scienze sperimentali. ─Romagnosi and the discovery of electromagnetism. Rend. Fis. Acc. Lincei, s. 9, v.11, pp.115-136, 2000
（7）William Whewell：History of the Inductive Sciences：from the Earliest to the Present Time, Vol.3, pp.75-81, 1837

2. フランクリンは凧を揚げたのか

　フランクリンは凧を揚げて、雷が電気であることを証明したと言われる。一方で、彼は1776年のアメリカの独立宣言に、ジェファーソンと共に署名した5人の政治家の1人で、$100紙幣に肖像が印刷されているが、もともと科学に関する教育を受けた形跡はない。若い時は、兄を手伝って雑誌の編集や植字工をやっていた。その後、自立してフィラデルフィアで印刷業を始めるが、1748年にある程度の財産ができたのを契機に、その商売を止めている。彼は金銭に執着はなかった。

　それ以前の1731年7月に彼は仲間を集め、アメリカ最初の図書館 (Library Company) をフィラデルフィアに作っている。この時代においては、先進国であったイギリスと、アメリカのフィラデルフィアの間には大きな文化格差があった。しかし、イギリスの最新の情報を得るための書籍の購入は高くついたことから、仲間同士の勉強と市民への啓蒙活動が図書館設立の目的であった。この時、本の購入を通じて知り合ったのが、英国王立協会フェローのコリンソン (Peter Collinson（1694-1768）、イギリス) である。彼は生物学者であったが、アメリカとの間の商売のほかに、イギリスの新しい情報をもたらす貴重な人材であったし、その後、フランクリンと電気を結び付ける重要な役割を演じるようになる。

　この交流を通じて、1746年に英国王立協会フェローのワトソン（William Watson（1715-1787）、イギリス）が記した使用説明書と共に電気棒が贈られてきた。乾いた布で擦ると静電気が発生する 2 ft×1"φ（約 610×φ 25mm）のガラス棒である。このガラス棒による静電気発生実験は、ヨーロッパではすでに広く行われていて、フランクリンもボストンで1746年にイギリスから来たスペンサー（Archibald Spencer（1698-1760）、イギリス）が電気実験をするのを見ていた。ただ、その時は見世物として見ていたので、科学的視点での認識はなかったと思われるが、ワトソンの記述

を読んでフランクリンの電気現象に関する興味に火が付いたと言える。この時、彼は 40 歳であった。

彼は 3 人の仲間、キナーズレイ（Ebenezer Kinnersley（1711-1778）、イギリス）、ホプキンソン（Thomas Hopkinson（1709-1751）、イギリス）、シング（Philip Syng（不明））と共に、このガラス棒を使って電気実験を始め、様々な現象を見付けてコリンソンに手紙で報告した。それらのいくつかは、彼の科学に関する業績を示すものとして後世に伝えられている。その最初は 1747 年 7 月 11 日付けのもので、金属球体の帯電による反発現象や、棒状金属対の先端の形状による電気火花発生現象の考察報告であった。ここでフランクリンらは、電気火花のモデルとして、すべての物質には火花のストックがあり、その量が通常より多い時の状態がプラス、少ない時がマイナスの状態と考え、その移動形態を流体とのアナロジーで示した。この考え方は、エフルビアとして理解されていた電荷にはプラスとマイナスの極性があるとした、1746 年に発表したワトソンの主張を支持するものであった。この概念は、現在に至るまで続いていることは周知の通りである。この見解は当時、フランスの学会で定説となっていた、電気をガラスから出てくるビレオス（vitreous）と、樹脂から出てくるレジノウス（resinous）の 2 種類からなるとする、デュフェイ（Charles François de Cisternay du Fay（1698-1739）、フランス）の主張を覆すものであった。この段階では、フランクリンらの報告はヨーロッパのレベルの追試であったし、これらはすでにヨーロッパでは知られていて、目新しい内容ではなかった。

この 2 か月後（1747 年 9 月）、彼はライデン瓶についての実験報告をコリンソンに送っている。この頃、ライデン瓶に静電気の貯まる原理は未知の領域であったが、1748 年に送った手紙では、フランクリンはすでに構築していた、電荷にプラス、マイナスがあるという考え方に従って、ライデン瓶の内側にある金属箔が正極、外側の金属箔に負極があるとした。そして、瓶本体のガラス部分が電池（今で言えばコンデンサ）を形成し、充電（charge）と放電（discharge）を行うと主張した。この用語を最初に用いた

のはフランクリンである。

　英語の「charge」は、現代の技術では「充電」のほかに、後に日本語として定義された「電荷」の意味を持っている。それまでエフルビアとしてニュートンが名付けた概念のはっきりしなかった用語が、ここで電荷として定着したと言えるかもしれない。この実験の時に、後にフランクリンモータと呼ばれる垂直軸の周りに静電気で回転する初期的なモータを発明している。

　この時の手紙は、まだイギリスの植民地であったフィラデルフィアの電気に関する知識のレベルが、ヨーロッパに追い付いたことを示す歴史的な意義を持ったものとされている。また、これらの実験を行った 3 人の仲間の中でも、唯一科学に関する素養のあったキナーズレイの役割は大きかった。彼は、後にフィラデルフィア大学の最初の物理学教授になる。

　その後、フランクリンは雷が電気であるかどうかに興味を持った。元来、稲妻が電気ではないかという考えは、古くは中国の「電」の文字（我が国では江戸時代まで「電」を「イナツマ」と読み、「稲妻」を意味した）の起源まで遡れるが、科学的思考で言えば、1746 年にイギリスの医者であったフレーク（John Freke（1688-1756）、イギリス）が、稲妻と電気の相関性についての仮説を物理的な論理で説明していたし、同じ頃、ドイツの自然科学者ウィンクラー（Johann Heinrich Winckler（1703-1770）、ドイツ）も、稲妻と電気火花の類似性について述べている。ここでフランクリンは、以前行った実験で、電気火花が帯電球体に対して、先の尖った金属棒から飛びやすい現象であったことの類推から、避雷針の原理を思い付いた。彼は、雲が帯電するのが雷の原因であると考え、その電荷を地面に逃がすことで雷害を防げると思った。そして、このアイデアを 1850 年 7 月 29 日付けのコリンソン宛ての手紙に書いて送っている。

　その記述は、雷の落ちやすいところとして、丘の上の高い木、煙突、舟のマスト、教会の塔などを挙げ、広い場所で嵐にあった時に雷撃を避ける方法として、身体をかがめることを薦めている。さらに、避雷針の構造について触れ、避雷針の先端は錆がなく、鋭く尖っていることが必要で、建

物の屋根よりも高く取り付け、そこから建物の壁に沿って地面まで絶縁体で覆われた導体を引き、その先は地面に埋めなければならないとしている。さらに、雷が電気であることについて述べた。しかし、この段階では、まだこの現象を実証したわけではなかった。

当時の人にとって、雷は得体の知れない大変怖いものであった。中でも1638 年 10 月 21 日、イギリスの聖パンクラス教会での落雷事故は、有名な出来事であったらしい。この日は、日曜日で礼拝の最中であったが、そこに光の玉が落ちてきて、教会は 300 個の破片に打ち砕かれ、4 人が死亡、60 人が怪我をした。そのため当時の人々は、教会でお祈りをして悪魔を呼び寄せたのではないかと噂したと言われている。

このような背景はあったが、フランクリンからの手紙を受け取ったコリンソンは、男性向けの雑誌を出版していたケーブに依頼してパンフレットを印刷した。この冊子はイギリスではほとんど関心を持たれなかったが、誰かがフランスの自然科学者ビュフォン（Georges-Louis Leclerc, Comte de Buffon（1707-1788）、フランス）に送ったものが彼の興味を引いた。そこで、これをフランス語に翻訳し、退役軍人のダリバード（Thomas-François D'alibard（1709-1778）、フランス）に送ったところ、この情報は急激に広まって皇帝の耳にも入り、実験物理学者のデロールも共鳴して雷の実証実験を行うことになった。

ダリバードは、パリの北 18mile（約 29km）にあるマルリー・ル・ヴィル村に実験装置を作った（村には 1280 年に建てられた聖エティネ教会があり、その庭で行ったのではないか）。この方法は、直径 2.5cm、長さ 13 m の先の尖った鉄棒（避雷針）を立て、その末端に地面と絶縁した台の上に載せたワイン瓶（ライデン瓶）をつなぐことで雷を確認するというもの（図1）であった。ここで雷が来るのを待つために、1 人の老兵を雇って見張りをさせたが、1852 年 5 月 10 日、雷が通り過ぎてから不用意にリード線を老兵が触って感電し、大騒ぎしたことで雷が充電したことが分かった。その後、デロールも 5 月 18 日に 99 ft（約 30m）の鉄棒を使って雷を引き寄せ、火花が発生することで、稲妻が電気であることを追試して、ダリバ

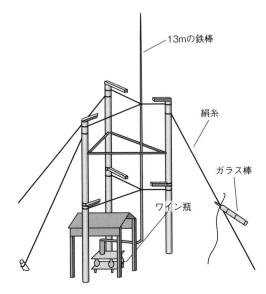

13mの鉄棒

絹糸

ガラス棒

ワイン瓶

図1　フランクリンが指示したダリバードの実験

ードの結果が正しいことを実証した。

　一方、フランクリンは、手紙を送るとともに実験場所を探したが、フィラデルフィアには丘がなく、尖塔を持った建物がなかった。そうするうちに雷の季節を逃したところで、ヨーロッパからフランスで雷の実験が成功したという知らせがもたらされた。そこで、彼も実験する必要に迫られたのか凧による実験を行い、その実験結果を彼自身が10月1日の日付けで、1752年10月18日発行の『Pennsylvania Gazette』に寄稿した。

　その内容を要約すると、細い杉材を十字型にして、絹のハンカチに貼り付けて凧を作り、これに良導体である麻糸を結び付けて凧糸とし、その末端に金属製の鍵を結び、そこから手元まで絹糸を結び付ける。絹糸は絶縁体であるので、これを濡らさないように小屋の中から絹糸をつかんで凧を揚げる。そして、雷雨の中に凧を泳がせて、凧を操っている拳を鍵に近付けると、濡れた麻糸を伝わって電気が降りてきて火花が発生する。このことで電気が来たことを知ることができる（図2）。この方法により凧揚げ実

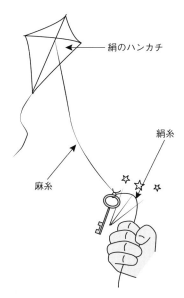

図２　フランクリンの実験

験を行った。この実験は1752年６月にフランクリン親子で行ったとされている。

　フランクリンのこの記述は、アメリカばかりでなく、ヨーロッパでも一躍有名になり、フランクリンの名前と共に後世まで残ることとなった。しかしその後、この記録には疑問符が付いている。その第一は、この実験が危険であること。このことはフランクリン自身が最もよく知っていたはずである。それに実験を行ったのは６月とされたが、日にちがはっきりしない。さらに親子で行ったとされたが、フランクリンの子、ウイリアム（William Franklin（1730-1813）、アメリカ）は、一般に流布されているような幼い男の子ではなく、22歳の青年であった。そして実験に立ち会ったのは、この青年以外にいなかったにもかかわらず、父親の記述以外、ウイリアムはこの実験に関して口をつぐんだままで、誰も実験の有無について証言する者が出現しなかった。その一方で、噂だけが拡大して広がったらしい。なおウイリアムは独立戦争の時、英国王室側に立ったため父親と

　の関係が険悪になりイギリスに亡命、その地で亡くなっている。

　他方で、ロシアの科学アカデミー教授のリッヒマン（Georg Wilhelm Richmann（1711-1753）、ロシア）は、静電気が持つエネルギーの研究をしていて、その測定用としてライデン瓶を使った装置を作っていた。そこにフランクリンの実験を新聞報道で知り、雷と電気の関連が明らかになったので、この装置を使って雷のエネルギーを測る実験を、ロシアのサンクトペテルブルグのエルミタージュ美術館の川向こうにある科学アカデミーの近くの家で行うことにした。ここでは、先端を尖らせていない鉄棒を用いて屋根を貫通させ、その下にライデン瓶を使った彼の装置を直結して実験を始めた。しかし、1753 年 8 月 6 日（この日付けは太陽暦で示すが、当時ロシアではユリウス暦を使っていたため混乱がある）に雷の直撃を受けてリッヒマンは死亡し、雷の研究で感電死した最初の犠牲者となった。実験の目的で避雷針を用いたこの例は悲劇に終わったが、その後、欧米の教会では避雷針が設けられ、雷による被害は激減したと言われている。

参考文献

（1）Bigelow J.：Benjamin Franklin, p.59, 1887

（2）Isaacson W.：Benjamin Franklin, pp.133-145, 2004

（3）Philos. Trans, pp.704-749, Jan., 1746

（4）Meyer H.W.：A History of Electricity & Magnetism, p.20, 1972

（5）Benjamin, P.：A History of electricity, pp.557-560, pp.571-572, pp.588-589, 1898

（6）Experiments and observations on electricity made at Philadelphia in America, 5ed, pp.106-107, 1769

（7）MEMOIRE Lû à l'Académie Royale des Sciences, 13 Mai, 1752

（8）Bigelow J.：The complete work of Benjamin Franklin, Vol.2, pp.261-262, 1887

（9）http://fiz.1sept.ru/2003/32/no32_1.htm

（10）http://founders.archives.gov/documents/Franklin/01-04-02-0135

3. 電流を測る試みには様々な方法が考えられた

　1820年にエルステッドがラテン語で発表した電流と磁気に関する研究論文はヨーロッパでは大変な驚きをもって迎えられたが、ドイツではシュバイガー（Johann Salomo Christoph Schweigger（1779-1857）、ドイツ）によってラテン語のまま雑誌『Journal für Chimie und Physik』で紹介された。シュバイガーは、この雑誌の編集をしていたので、エルステッドの画期的な発見を最も早く知ることができる立場にあった。また、ハレ大学の物理学教授でもあった彼は、エルステッドの発見した原理を使って電流検出器をすぐさま製作し、1820年9月16日にハレ自然哲学学会の席で公表した。その論文は翌年、1821年に彼の編集している雑誌に掲載された。

　その構造は**図1**に示すように、2本の棒の両端を縦割りにした溝に3本の銅線を通してコイル状にしたものを作り、これを立てて、その空間部分Aに磁石コンパスを置いたものである。実験は、左端を東にしてコイル面が地磁気と直交するように配置し、上の端子をプラスにして電流を流した。この状態では、コイルで発生した磁界は地磁気とは逆向きとなるので、コンパスは地磁気とコイル磁場の合成磁界の中で平衡したところに落ち着く。この時点で彼が電流による磁場の発生状態をどの程度理解していたかは分からないが、時代的背景で言えば、フランスではアラゴ（François Jean Dominique Arago（1786-1853）、フランス）やアンペアが電流の性格

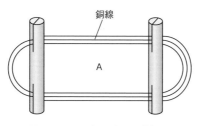

図1　シュバイガーの増幅器

を研究していた時期であり、まだ電流と磁場の間に一定の統一した知識が確立した時期ではなかった。

　また、コイルを使うことは、この頃アラゴが磁界を作る方法として採用しているが、シュバイガーの発想はアラゴのものとは異なり、エルステッドが電流の通る電線を束にしても同じような効果があることを記していたことから、これをコイル状にすれば電流が磁石の周りを繰り返し通るので、磁石を動かす効果がより大きくなることを期待したものである。このことからシュバイガーは、これを増幅器(Multiplikator)と呼んだ。

　エルステッドが電流と磁気の関係を発見した頃、当時の学者の間では現代的な電流の概念はなく、電気の実験もガルバニズムと呼ばれていた。そのためエルステッドも実験した装置をガルバニック装置と呼んでいて、彼も当初は電流を検出したとは言っていないし、ドイツでも当初は同様に電流を検出したとは言っていない。それもあってシュバイガーは、この装置を電流検出装置とは呼ばなかった。

　その後、1836年になって、ガルバノメーターの用語を最初に使ったのはビショップ(Bishop（不明）)であり、1802年にガルバニズムと医療との関係を調べていた時、金箔の動きで静電気の大きさを検出する目的でビショップが作った一種の電圧計に対してこの名称を使った。したがって、この時は後に使われる意味でガルバノメーターと命名したのではない。

　シュバイガーは、その後もいくつか論文を出したが、当時はファラデーが活躍する以前の時代であり、まだ電流と磁場の関係は知られていない。したがって、シュバイガーの装置は、エルステッドが発見した現象の測定感度を上げたという意味でも増幅器ではあったが、彼の目的は磁針の針の振れの大きさや傾きと電池の電解液との関係などを調べることにあった。しかし、この面での目立った成果を得ることはできなかった。

　シュバイガーの装置と同じようなものは、ベルリン大学の学生でもあったポッゲンドルフ(Johann Christian Poggendorff（1796-1877)、ドイツ)が、ベルリン大学物理学教授のエルマン(Paul Erman（1764-1851)、ドイツ)のもとで発明したものとして1821年に公表している。ただし、これ

はポッゲンドルフが直接発表したのではなく、エルマンが自身の論文の中でコンデンサ（kondensator）の名前で紹介した。この装置の命名根拠は理解できないが、装置そのものは、シュバイガーの開発時期とそれほどの差はなかったと思われる。そのためガルバノメーターの最初の発明者はポッゲンドルフとされることがあるが、論文の中では「この装置は別名Multiplikatorと呼ばれている」と記されていることから、先行事例があることを認めている。

　また、イギリスのケンブリッジ大学の化学教授カミング（James Cumming（1777-1861）、イギリス）も同じ頃、同様の装置を作ったらしく、ガルバノスコープと名付けた。シュバイガーの成果をどの程度知っていたかは明らかではない。時期的に近接していることから、その先行性については判断できない。ただ、カミングはその頃（1821年）、熱電効果の発見者としても知られるゼーベック（Thomas Johann Seebeck（1770-1831）、ドイツ）によって発見された熱電対の性格について、このガルバノスコープによって熱による種々の熱電対の効果を調べている。この方法は、後にオーム（Georg Simon Ohm（1789-1854）、ドイツ）が抵抗を同定する方法として使われた。

　フランスでアンペアを中心に研究された電流の性格についての情報がヨーロッパに普及するにはそれほど時間を必要としなかった。それとともにシュバイガーの増幅器が電流を検出していることはすぐに理解されるようになった。エルステッドも電流検出装置としてシュバイガーの装置を改良して、1823年に**図2**のような装置を作っている。以後、シュバイガーの装置とされるものは、これを模倣したもので紹介されることが多い。ここでは、磁針は細い繊維状の線でぶら下げて動きやすくしている。この頃、電流が水の流量と対比されたことから流量計（Rheometer）と呼ばれることもあった。

　しかし、この装置の磁針は地磁気の影響を受ける。シュバイガーが最初に実験した時は、前述のように電流による磁場は地磁気と逆方向に向かっていた。そのため、ここに置かれた磁針の動きは不安定であった。その後、

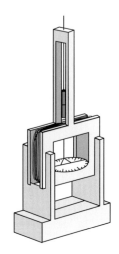

図2　エルステッドのガルバノメーター

　この装置のコイルは磁針と平行、つまり南北に置いて電流を流していたが、地磁気の影響を避けるために2個の磁針を、その極性を互いに逆にして上下に並べる方法をノビリ（Leopoldo Nobili（1784-1835）、イタリア）が考えたとされている。

　この2重磁針は、全体としては極性が相殺されるので地磁気の影響が見かけ上なくなる。ここで一方の磁針、例えば下の磁針をコイルの中に置けば、この下の磁針はコイルの磁場に反応し、地磁気の影響を受けることなく電流を検出することができる。このような磁針を無定位磁針（astatic needle）といい、ノビリはこの装置をゼーベックの発見した熱電対の研究に使った。しかしこの方法は、本当はアンペアが提案したとも言われている。このような磁針の工夫にもかかわらず、相変わらず地磁気の影響を逃れることはできなかった。

　逆極性の磁石を上下に重ねて、磁針の見かけ上の磁性をなくすことはそれほど簡単なことではない。上下の磁石の特性は同程度にしなければならないが、これがまず難しい。また、2個の磁針は相互に逆モーメントを発生し、結局、無定位磁針は東西の方向に向くことになる。

図3　タンジェント・ガルバノメーター

　一方で、地磁気の影響を使った検流装置も作られた。**図3**がその装置で、タンジェント・ガルバノメーターと呼ばれる。図において、輪形の部分はコイルで垂直に立っていて、その中心に磁針が水平に置かれている。測定前にはコイル面と磁針の方向を合わせる。つまり、コイル面を南北に向けておく。そこでコイルに電流を流すと、磁針は地磁気とコイルの磁界との合成磁界の方向に振れる。円形コイルで発生する中心部分の磁界の強さが電流に比例することは、1820年に発見されたビオ・サバールの法則によって決定することができる。そのため、ここでの磁針の振れ角をタンジェント（正接）の大きさで読み取る。つまり指針の目盛りを振れ角のタンジェントで刻むことで、コイルに流れた電流の大きさが測れるというものであった。

　このタンジェント・ガルバノメーターは、プイエ（Claude M. Pouillet（1791-1868）、フランス）が1824年頃に発明したらしい。しかし、電流の大きさは検出できても、まだ大きさを決定する単位はなかった。この装置で測ることができるのは、相対的な電流の大きさと流れる方向にとどまった。

　その後、この種のガルバノメーターは、電信線の断線検出のように、電流の存在やその方向の検出、つまり日本語の文字通りの検流計として使われたが、ここで扱う電流は微弱であった。しかし、電動機が開発され、工業力が大きくなるに従って対象とする電流が大きくなり、従来の電流よりも大きな電流の測定が必要になってきた。そこで、そのニーズに応えるように出現したのが、1880年にドプレ（Marcel Deprez（1843-1918）、フランス）が開発したガルバノメーターであった。この装置は、**図4**に示すように水平に寝かされた強力なU型永久磁石の内側にコイルがあり、ここに魚の骨のような、平板状で両脇にスリットのある軟鉄製の鉄板が水平に置かれ、両端の軸がピボットで支えられ揺動できる。さらに、この部材の軸端には大プーリが結合され、小プーリにベルト掛けされている。ここでコイルに電流が流れると、コイルによる垂直方向の磁界が発生する。この磁界と永久磁石による磁界は直交するので、鉄板はこの合成磁界の方向に傾く。この傾きはプーリによって増幅され、小プーリ軸に結合した針は、コイルに電流が流れて生じた合成磁界の方向を示すことになる。つまり電流の大きさが検出される。

　その後、工部大学校教授として1873～78年に日本に滞在し、日本に電

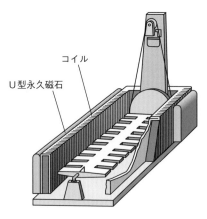

図4　ドプレのガルバノメーター

気技術を伝えたエアトン（William Edward Ayrton（1847-1908）、イギリス）
とロンドン工科大学教授ペリー（John Perry（不明）、イギリス）が**図5**の
装置を 1881 年に作った。この装置は、ドプレの装置と同じように水平に
置かれたU型永久磁石があり、この磁石の磁場と直交する水平軸の周りに
コイルが配置され、永久磁石の磁界と直交する磁場を作るようになってい
る。その中に磁針が垂直軸の周りを旋回できるようになっている。したが
って、コイルに電流が流れるとU型磁石とコイルに流れた電流による磁場
が直交し、電流の大きさに応じて磁針の垂直軸周りの回転が生じて電流に
対応した振れ角が定まる。

　これらはいずれもタンジェント・ガルバノメーターの原理を使い、強力
なU型磁石を使うことで地球磁場の影響を受けないようにしたことに特徴
があるが、ドプレの方式は鉄片の動きであるため、磁場の動きとの対応に
補正が必要になる。これに対して、エアトンの方式は磁針の動きを検出し
ているので、電流による磁場の方向に対応した振れが検出できる。そのた
め、この装置は電流を検出する意味を込めてアンメーター（Ammeter）と
名付けられ、電流計の元祖とされる。その計器は、大抵抗を直列に接続す
ることで電圧計としても使われるようになった。

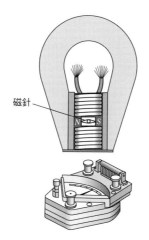

磁針

図5　エアトンとペリーの電流計

参考文献

（1）Journal für Chemie und Physik, Bd. 29, Heft1, pp.275-281, 1820

（2）Journal für Chemie und Physik, Bd. 31, Heft1, pp.1-17, pp.35-36, 1821

（3）Erman, P. : Annalen der Physik, Bd. 7, 4 Stuck, pp.422-427, 1821

（4）Cumming, J. : Annals of Philosophy, Vol.5, No.6, pp.427-729, 1823

（5）Annales de Chimie et de physique, Tome Vingt-Deuxiéme, pp.358-365, 1823

（6）De la Rive, A. : A treatise on electricity, p.220, 1853

（7）Annal di Chimi et de Physique, tom. 18, pp.320-321, 1821

（8）Wormell, R. : Electricity in the service of man, p.127, p.131, p.140, 1890

（9）Rive, A. : A Treatise on Electricity, Vol.1, pp.334-338, 1853

（10）Bud, R., Warner, D.J. : Instruments of Science : An Historical Encyclopedia, p.22, 1998

（11）Prescott, G.B. : Dynamo-Electricity, pp.763-801, 1884

（12）Chipman, R.A. : The earliest electromagnetic instruments, Smithonian Inst., 1966

（13）Gordon, J.E.H. : Electricity and Magnetism, pp.245-255, 1883

（14）De la Rive, A. : A treatise on electricity, pp.322-346, 1853

第 2 幕

電気から回転力を作り出す

1．誰が電流を回転力に変えたのか

　エルステッドの発見は、衝撃をもってヨーロッパの物理学者の間を駆け巡ったが、中でもフランスとイギリスではその実験の追試を行い、この現象のさらなる追究が意欲的に行われた。そこで分かってきたことは、電流が磁気を通じて力に変換されることであった。アンペアは、いち早く電流の流れる導体の周りに磁界が発生し、そこに力が働くことを見付けた。この現象は、イギリスのデービーもほぼ同時に見付けている。このような知見の次に出てくる発想は、発生した力の利用であった。これに最初に成功したのがファラデーである。

　ファラデーはロンドンの南方にある村で生まれ、その生家は貧しくまともな教育を受けることもなく過ごしたが、父親が病気がちであったこともあり、14歳の時に製本屋に年季奉公に出された。ここで猛烈に本を読んだと言われている。そして、奉公が終わった20歳の時に切符をもらって英国王立協会で開かれていたデービーの講演会に出席した。ファラデーが、その講演録を300ページのレポートにまとめてデービーのもとに送ったところ、これがデービーの注目を惹き、彼の助手に雇われるが、当時のイギリスの身分差別の中では下僕でしかなかった。

　エルステッドのニュースがデービーのもとに届いた時、デービーは、同僚のウォラストン（William Hyde Wollaston（1766-1828）、イギリス）と一緒に追試験を始めた。ウォラストンは、摩擦電気（静電気）がボルタ電池の電気と同じものであることを1801年に発表していたが、デービーとの仕事は、磁石で電気の流れる電線を動かすことであった。つまり、エルステッドが電線の電流で磁石を動かしたことの逆の発想である。

　彼らの考えでは、電流は電線の中を真っ直ぐ流れるのではなく渦巻き状に流れるとし、もし強力な磁石があれば電線は渦巻き状に回るのではないかと考えたが、その試みは失敗した。しかし、ファラデーは**図1**のような

装置にまとめて成功する。

図1の右側は水銀溜の中に磁石を立て、その上方に銅線をぶら下げ、その下端が水銀に浸されている。一方、左側の水銀溜も同じような構成になっているが、磁石は倒れている。ここで左右の銅線を電気的に結合し、水銀溜を介して電池から電流を流すと、右側の銅線は上端の支点を中心にして磁石の周りを回転する。一方、左の銅線は動かないが、水銀溜に倒れている磁石は銅線の周りを回転するという現象である。

この右側の現象は、固定した電線のそばに置いた磁石が回転運動を起こすという、エルステッドが発見した現象を相対的に逆にして、磁石を固定し電線を動くようにして得られた結果であり、左側の現象は右側の現象の反作用を利用したものである。これをファラデーの単極モータといい、電流と磁気の相互作用によって機械的な動きを実現した最初の例で、1821年9月3日のことであった。しかし、この発表はデービーに断りなく行ったので、2人の間は険悪になり、ファラデーは、その後デービーが死ぬまで電気関係の研究を中断している。

このファラデーの成果を見たアンペアは、右側の現象を使って**図2**のような装置を考えた。ここでA、B、C、Dは正極と負極からなる電池容器で、この極板には導体①、②がつながれ、この導体①、②は上部E、Fで

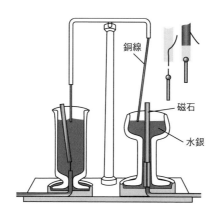

図1 ファラデーの単極モータ

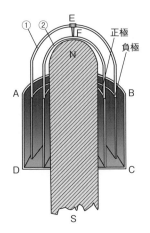

図2　アンペアのモータ

短絡されてF点で磁石NSの上部にあるくぼみで回転できるように支えられている。したがって、導体①、②には正極からF、Eを通って、①には上から下の方向に電流が流れる。この導体と磁石の配置関係は、図1の右側の導体と同じであるので、導体①、②は相互に逆方向に回転することになる。この装置によって導体は毎分120回転（120rpm）で回転した。この装置が作られた時期ははっきりしないが、1822年頃ではないかと思われる。これと同じような装置をマーシュ（James Marsh（1794-1846）、イギリス）も作ったが、その後さらに**図3**の装置を考えた。

　ここではU型磁石Mの間に水銀溜aを置き、上方から導体Wをぶら下げて、下端を水銀溜に浸して導体に電流を流すと、後にフレミング（John Ambrose Fleming（1849-1945）、イギリス）が定式化する左手の法則に従って導体は左方に振れる。もちろん、この時にマーシュはフレミングの法則を知らないが、ファラデーが提示した図1の右側のカップの現象がヒントになったものと思われる。

　マーシュは王立武器庁の化学技術者としての業績を残しているが、この時は磁石に興味を持っていたらしく、近くにあったウールウィッチ王立東インド会社士官学校（技術者を養成する学校）で磁石の研究をしていたバー

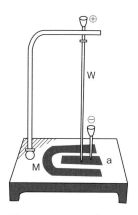

図3　マーシュの振り子

ロー（Peter Barlow（1776-1862）、イギリス）と知り合いであった可能性
は高い。バーローは、このマーシュの装置を見て**図4**の装置を考えた。

　この原理は、1822年3月13日に発信された『Philosophical Magazine』
編集部への手紙に残されている。図4はその手紙に書かれていた図である
が、この機構の動作は歯車型の円盤Rの下の歯の先が、磁石の間にある水
銀溜aに浸るようになっている。一方、水銀と電池の間は電線でつながれ
ているので、Wから供給された電流は円盤の中心と水銀溜の間で流れる。

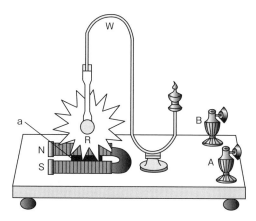

図4　バーローの円盤

　また、円盤を挟んでU型磁石が置かれているために磁界の中を電流が通るので、円盤は回転する。この装置はマーシュの導体の動きを連続運動に変えたもので、バーローの車（Barlow's Wheel）として知られる。この装置は物理現象のデモ装置以上の進展はなかったが、アンペアの考えた図2の装置は、現代の電流計の動作原理として使われている。

　一方、エルステッドの成果をドイツで紹介したシュバイガーは、エルステッドの発見した原理を使って第1幕3．の図1の装置をすぐさま製作した。わかりやすい図で示せば**図5**のようになる。その構造はコイルの中に磁針を置いたもので、電流がコイルに流れた時、磁石の針が振れるようになっている。

　コイルを使うことで電流が磁気を発生することは、フランスではエルステッドの成果を最初にフランスで紹介したアラゴも発見したが、シュバイガーの発想はアラゴのものとは異なる。ここでは、エルステッドが電流の通る電線を束にしても同じような効果のあることを記していたことから、電流が何回も通ることを期待したものである。シュバイガーは、これを増幅器（Multiplikator）と呼んだが、1836年、この装置はエルステッドにより、生物電気を発見したガルヴァーニに因んでガルバノメーターと名付けられた。

　このようにシュバイガーが発明した検流計（図5）は、コイルの中に置かれた磁石が電流の流れで動くようにしたものであった。その後、アラゴに

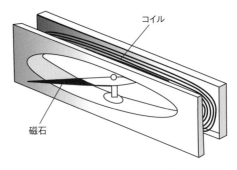

図5　シュバイガーの増幅器

よってコイルを使えば磁性体を磁化することが発見されていたので、この成果を使って、シュバイガーの検流計の磁石を電磁石に変え、相互の運動関係を逆にして電磁石の周りをコイルが回転する装置（**図6**）を作った人がいた。イェドリク（Jedlik Ányos István（1800-1895）、ハンガリー）である。

　ここでは棒状の電磁石が固定されていて、この周辺をコイルが取り囲んでいる。このコイルが下部で2分されているのは中央の柱を避けるためで、この部分に流れる電流の方向は同じである。そのため、このコイルに電流が流れるとコイル自身が回転を始める。ここで中央にある装置は2個の半円形の水銀溜に、コイルの巻き始めと巻き終わりの針金のそれぞれが浸かるようになっている。したがってコイルが回転すると、これらの針金は半回転ごとに一方の水銀溜に移るので、水銀溜に電池が接続されていれば半回転ごとにコイルに流れる電流の方向が切り替わり、コイルが回転を継続することができる。この装置は、現在ハンガリーのハンガリー科学博物館で展示されていて、1830年に作られたと明記されている。この電流切り替え装置は、後に出現する整流子とは形態が異なるが考え方は同じで、その先駆的な装置で、これが最初の整流子とされている。また、コイルと電磁石の巻き線は直列につながれていたので、直巻電動機の構成をした最初の電動機でもあった。

　これを作ったイェドリクは、ベネディクト派宗団の学校で教育を受け、

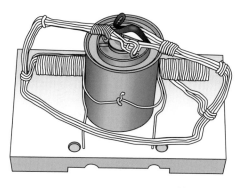

図6　イェドリクの電動機

1839年まで現在のスロバキアのブラチスラバの宗団学校で物理学を教えていた。その時期にこの装置を作ったとされている。しかし、宗教者としての律儀さか、当時の技術に対する秘密主義的考えか分からないが、この成果をすぐには公表しなかった。公表したのは10年余り後のことである。そのため電動機の第一発明者として西ヨーロッパでは認められなかったし、この発明がヨーロッパにおける電動機の開発に対する寄与はなかったと言える。

　しかし、ハンガリーではその後のブダペスト大学での業績を含めて、自国が誇る科学者の1人とされ、ハンガリーの最先端研究所（The Jedlik Laboratories）には彼の名前が冠されている。なお、リッチ（William Ritchie（1790-1837）、スコットランド）は、イェドリクと同じような電動機を1833年に発表している。ここでは電磁石とコイルで回転体を作るのでなく、直接電磁石回転子の上部にU型の永久磁石を近接させたものとした。整流機構もイェドリクのものと同じであった。

参考文献

（1）Quarter Journal of Science Literature and Arts, Vol.12, No.24, plate12, 1822
（2）P. Barlow：An Essay on magnetic attractions, plate5, fig.16, 1823
（3）Philosophical Magazine, Vol.59, pp.241-242, 1822
（4）Journal für Chimie und Physik, Bd. 29, pp.275-281, 1820
（5）Journal für Chimie und Physik, Bd. 31, pp.35-41, 1821
（6）http://www.sztnh.gov.hu/feltalalok/jedlik.html
（7）Phil. Trans. Roy. Soc., Lond., Vol.123, pp.316-320, 1833
（8）Encyclopaedia Metropolitana, Vol.2, pp.1-40, 1830
（9）http://www.sztnh.gov.hu/hu/magyar-feltalalok-es-talalmanyaik/jedlik-anyos

2. アラゴは「アラゴの円盤」に 相応しい人物なのか

　各家庭の使用電力量は、配電線が引き込まれるところにある計器で測定される。円盤がクルクル回っているのを見たことがある人は多いと思うが、この原理を発見したのが19世紀のフランスの物理学者アラゴで、その名に因んでこの円盤をアラゴの円盤という。

　アラゴは、スペインとの国境近くにあるルシオンのオリーブやブドウ畑を持つ家に生まれた。そして3歳の時にフランス革命が始まったので、その後に続く政治的混迷の中で育っている。そのためか、砲術に興味を持っていたが、長じてエコール・ポリテクニク(理工科学校)に優秀な成績で入学した時、4歳年上の統計学、材料力学などで業績のある数学者ポアソン(Siméon Denis Poisson (1781-1840)、フランス)と知り合いになり、砲術への興味は幾何学に移った。ポリテクニクの授業に満足していなかったアラゴは、ポアソンの薦めでパリの天文台の助手になった。

　当時、フランスではフランス全土の地図の作成が行われていたが、長さの基準がないことが問題となっていたので、子午線上の距離の測定がアラゴと、後にビオ・サバールの法則を発見するビオ(Jean Baptiste Biot (1774-1862)、フランス)に託された。そこで1806年に2人はパリの真南にあるスペインのバレンシア東方のバレアレス諸島に出掛けた。しかし、彼らの測定業務は現地では理解されず、誤解の末に妨害され襲撃される。さらに、ナポレオンのスペインへの干渉によって、スペインの状況は彼らの身辺に危険を及ぼすことになる。ビオは何とか逃げ帰ったが、アラゴは帰る船が難破したり、留置所に収容されたり、スパイに間違えられたり、それこそ一編の小説が書けるような様々な体験をして、出掛けてから3年後の1809年にやっと帰国することができ、測定データはきちっと持ち帰った。

　その功績もあり、アラゴはフランス科学アカデミーのメンバーになると

ともに、天文台の職に戻って光学の研究を始めた。そして、エルステッドが電流と磁気の関係の論文をフランスに最初に紹介したのは、1820 年 9 月 4 日のフランス科学アカデミーで行った彼の講演の席上であったとされている。このニュースは、たちまちフランスの物理学会の注目を集め、アンペアやビオ、サバール（Félix Savart（1791-1841）、フランス）などが次々と電気の研究を始め、顕著な業績を残した。アラゴも、1822 年頃、アンペアと共同して電気現象の実験をしていたところ、水平に吊るされた磁石の針の動きが、外部環境によって影響を受けるという奇妙な現象を発見したとされている。

　しかし、他の説によれば、アラゴのもとに出入りしていたガンベイ（Henri-Prudence Gambey（1787-1847）、フランス）が 1824 年頃のある日、コンパス磁石の下に銅板がある時と、木材がある時では、磁石の針の振れのダンピング効果に違いがあることに気が付いた。これをアラゴに話をしたことが、この異様な現象の発見のきっかけであったとされている。いずれにしても、この現象を確かめるために、アラゴは磁石をガラス容器の中に納めて、その下で銅製円盤を回転した時に磁石の針が動くのを観察した（**図 1**）。この時、円盤を低速で回転させると、磁針は回転の方向に引きずられるようにゆっくりと本来の位置よりずれるが、回転を速めると 90 度近くまで引きずられることを観察した。

　このことを 1824 年 11 月 22 日に、アラゴはフランス科学アカデミーで口頭発表した。この内容は 11 月 23、24 日にパリの新聞などで広く報道され、イギリスではパリからの報道として翌年 1 月 1 日発行の『Edinburgh Journal of Science』に紹介された。アラゴはこれを論文として、1825 年 3 月 7 日発行の『Annales de chimie et de physique』に掲載し、この現象を回転の磁気（magnetism of rotation）と名付けた。

　イギリスでも同じ頃同様な現象を発見している者がいた。その 1 人であるバーローは、イングランド東部のノリッチで生まれ、独学で数学を学び、その後長じてイギリスのウールウィッチ王立東インド会社士官学校の数学教授フットン（Charles Hutton（1737-1823）、イギリス）の知己を得て、

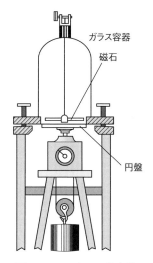

図1 アラゴの円盤実験

1801 年にこの学校で働き始めた。この頃、フットンは対数の数表を作っていたが、その影響を受けて 1814 年にバーローも 1 から 10,000 までの平方根、立方根に関する数表を発表した。その後、1818 年に彼の興味は磁石に向けられた。この頃のウールウィッチは、イギリスの磁気研究の拠点になっていた感があり、馬蹄型電磁石を発明するスタージャン（William Sturgeon（1783-1850）、イギリス）もここにいた。

この頃の軍艦は、木造船であっても、大砲や釘など多量の鉄材で構成されていたため、永久磁石で構成される羅針盤の方向精度に影響を及ぼしていたのである。当時は、まだエルステッドが電流と磁気の関係を発見する以前の話で、電磁誘導で磁石を作る方法は知られていない。しかし、鉄材が磁化されやすいことは知られていた。バーローはこのような状況を反映し、地磁気を研究して羅針盤の指示誤差の修正方法を提案するとともに、鉄材の磁性を調べて温度によってこれが影響されることなどを発見した。そして 1818 ～ 19 年頃、鉄板が回転できる状態にある時、羅針盤が影響を受けることを発見したが、この時は回転との関係は気が付かなかった。その後、1821 年にバーローと共に磁石の研究をしていた数学者のクリステ

ィ（Samuel Hunter Christie（1784-1865）、イギリス）が、羅針盤の上に
ある鉄の板が吸引力とは違った力を羅針盤に与えていて、鉄板を右左に動
かすことでその効果が違うことを見付けた。

　そこで 1824 年 12 月にバーローは、鉄板を高速で回転した時に磁石の磁
性が乱されたり、磁性が発生するかどうかの実験をクリスティやバベッジ
（Charles Babbage（1791-1871）、イギリス）、ハーシェル（John Frederick
William Herschel（1792-1871）、イギリス）と共に行った。まず、最初に
士官学校の近くにあった王立武器庁の旋盤を回す蒸気機関を動力源とし
て、640rpm で銅製円板を回転させ、空気の流れの影響を受けないように
して、その上に吊るした磁針の動きを観察した。しかし、この時はあまり
思わしい結果は得られなかったので、実験装置を作り直し、再度実験を行
うことにした。

　この時は磁針の長さ 5 inch（約 12.7cm）、円板の直径 6 inch（約
15.2cm）、厚さ 1/12inch（約 2.1mm）の円板を使い、その回転速度を
3,300rpm にした結果、円板の回転速度を上げるほど磁針は地磁気による
方向とは異なった方向に振れることがはっきり認められるとした。彼らは、
円板の材料を銅以外に鉄、亜鉛あるいは真鍮などに変えても同じような効
果があることも確認した。また、円板と磁針の距離を変えると振れが変化
し、距離が大きくなるほど少なくなるとしている。

　この実験は 1 月には終わったが、クリスティの結果と整合させるために
発表は遅れ、「回転によって鉄材に誘起される瞬間的な磁気効果について」
と題する論文を英国王立協会に 1825 年 4 月 14 日に送ったが、出版された
のは 6 月であった。

　この論文は 5 月 5 日にはイギリス国内で読むことができたらしいが、イ
ギリスの『Edinburgh Journal of Science』では、「アラゴの発見は大変な成
果であり、同様の現象はフランスでも研究されたが、その寄与はたいした
ものではなく、バーローの成果の方が我が国（イギリス）の誇るべきもので
ある」と伝えた。アラゴはこれを読んで大変怒り、「公表した時系列を詳し
く調べることを主張した」と後にエッセイで回想しているが、これによっ

て2人の間にプライオリティの論争が発生した。

　アラゴの指摘に対してバーローは、この実験は1824年12月に始めたもので、この時はアラゴの報告についてはイギリスではまったく知られていなかった。これを知ったのは、翌年の4月に化学者ゲイ・リュサック（Joseph Louis Gay-Lussac（1778-1850）、フランス）がロンドンに来て、この現象を実演した時であるとしている。しかしアラゴは、バーローの実験はアラゴの発表の時期と常に1か月遅れでないか、と主張した。

　確かに時系列的に見ればアラゴの主張は間違っていない。アラゴがこの現象に言及したのは1824年11月22日。バーローが実験を始めたのは、その年の12月であると言っているが、このことはパリでのニュースがイギリスの東部に届くのに1か月以上掛かると言おうとしていることに他ならない。当時の情報の伝達速度はどの程度であったのだろうか。例えば、エルステッドの発見がアラゴによって紹介されるまでに2か月掛かっている。この時間論争は微妙な課題ではあった。

　しかし、内容的にはバーローの実験結果はアラゴのものより、より具体的であり優れたものと言える。このプライオリティに対する結末は明らかでないが、英国王立協会は1825年に最も権威のあるコプリ賞を2人に贈った。その授賞理由は、アラゴに対しては「鉄を含まない物質に対しての磁気効果の発見と、かすかな磁気環境の元でも鉄を含まない金属に対して磁気の力が及ぶことの発見」、つまりそれまで磁気は鉄成分にしか働かないと考えられていた現象が、銅のような非磁性体であっても磁気の影響を受けることの発見にその価値があることを評価したことになる。この現象は、後に電磁誘導現象の1つとして理論的に整理される。

　一方、バーローに対しては、「磁気がおよぼす様々な影響」をその授賞理由とした。この理由は必ずしも王立武器庁で行った実験を評価しているとは思えない。むしろモータの原理模型でもあるバーローの円盤の評価ともとれる内容である。うがった見方をすれば、アラゴとの紛争を避けたともとれる裁定であった。

　その後、アラゴはバーローに対してクレームをつけることはなかったが、

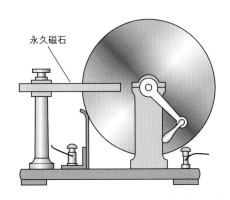

永久磁石

図 2　ファラデーのモノポール（単極）発電機

後世にはアラゴの円盤としてその名を留めた。ここで、電力量計で使われているアラゴの円盤は、磁石側が交流によって電気的に動く回転磁界によるもので、アラゴが円盤を動かすことで磁石が動くことを発見した現象とは逆の作用を使っている。一方、バーローは、彼の作った数表がバーローの数表として 20 世紀まで珍重された。しかし、この数表はコンピュータが手元にある現代では、その必要性は失われ、価値がなくなってしまい、彼の名前は忘れられている。しかし、最初にこの現象に気が付いたのはアラゴよりもクリスティとすべきかもしれない。

　なお、補足的事項としてバーローの仲間たちが半径方向に切れ目を入れた円盤での実験を行ったところ、磁針を動かす効果のないことを見付けている。これはアラゴの円盤の動作原理が渦電流によることの発見のきっかけにもなったが、この現象の原理説明は後の時代に託された。

　一方、バーローとも連絡を取れる関係にあったファラデーは、1831 年 10 月 28 日からこの円盤の研究を始め、渦電流を取り出す**図 2**のモノポール（単極）発電機を発明した。これはファラデー円盤とも言われる。

参考文献

（1）Thompson, S.P. : Polyphase Electric Currents, E. & F.N. Spon, pp.69-73, 1895

（2）Electrical World（Aug. 30, 1890）, Vol.16, No.9, p.156

（3）Encyclopaedia Britannica, Vol.13, 7ed, pp.693-695, 1837

（4）Philosophical Magazine and Journal of Science, Vol.66, pp.119-125, 1825

（5）Faraday, M. : Faraday's Diary, Vol.1, pp.380-428, 2008
　　　http://www.faradaydiary.com/

（6）Philosophical Magazine and Journal of Science, Vol.63, pp.241-242, fig.4, 1822

（7）Philosophical Transaction of Royal Society, Vol.115, pp.317-327, 1825

（8）Edinburgh Journal, Vol.4, No.1, pp.13-19, 1826

（9）Edinburgh Encyclopedia, Vol.16, pp.623-624, 1832

（10）Arago, F. : Meteorological Essays, Chap.7, 1855

3．電磁石で回転力を得るための工夫

　エルステッドの発見を契機としてフランスで始まった電流と磁気との関係の究明は、アラゴによる人工的に磁石を作り出す方法につながった。彼は、軟鉄の鉄粉を詰めたパイプの中に電線を通し、ボルタ電池からの電流を流すことで鉄粉を磁化させることに成功し、1820 年 9 月 25 日、この日はエルステッドの発表から 2 か月後のことになるが、パリの科学アカデミーでその結果を発表した。エルステッドの発見を電流による磁化現象に結び付けたことが、アラゴの洞察力の凄さというべきである。

　その後、縫い針をガラス管の中に入れて、その外側に銅線を螺旋状に巻き付けて電流を流し、縫い針を磁化させた。ここでガラス管を使ったのは、当時の電線は裸線で直接縫い針に巻き付けることができなかったため絶縁体の役割を期待したものである。このコイルを使うアイデアは、1825 年にイギリスのスタージャンに受け継がれる。

　スタージャンは、靴屋の息子として生まれ、まともな教育を受けず、37 歳（1820 年）まで砲兵隊にいたが、ここで数学と物理を独学で学び、1824 年にロンドンのウールウィッチに設けられた王立東インド会社の士官学校の教師となる。この時、エルステッドの電磁現象に興味を持ち、アラゴの発表を知ったのかもしれないが、教材として使うための馬蹄型電磁石を 1824 年に発明し、翌年発表した。

　これは長さ 1 ft（約 30.4cm）、直径 1/2inch（約 12.7mm）の軟鉄を U 字型に曲げ、ここにワニスを塗り、そこに裸銅線を 18 回左巻きに巻いた。巻き線の端は水銀の入ったカップに浸されていて、水銀溜と電池の間は電気的に接続されている。そして、巻線を水銀に浸したり、離したりすることで磁性が出現したり消滅したりすることを示した。さらに 2 つの磁極を跨いだ鉄材に重錘をぶら下げて、9 lb（約 4 kg）を保持することに成功した。これは電磁石の重量の 20 倍に相当した。これにより、彼は 1825 年に

英国王立協会から銀賞と金貨 30 ギニーを受けている。電磁力が初めて機械的な仕事をした最初の例である。この装置は英国王立協会に置かれていたが、その後、行方知れずになっている。

　他方、アメリカのヘンリー（Joseph Henry（1797-1878）、アメリカ）は、スタージャンの研究成果を知り、オールバニ科学アカデミーの数学教授であったエイック（Philip Ten Eyck（1802-1893）、アメリカ）と共に様々な電磁石の研究を始めた。彼は、コイルの巻き数を増やせば磁石は強力になると考え、そのための方策として銅線の上に絹糸を巻いて被覆電線を作った。この方法で重ね巻きが可能になり、裸電線ならば数 feet しか巻けないところを、35ft（約 10.7m）の長さの電線を U 型鉄心に 400 回ほど巻くことができた。さらに電線の長さを変え、持ち上げられる重量との関係を詳しく調べる実験をして、重量 21 lb（約 9.5kg）を持ち上げる電磁石を作った。そして、この上に二次巻線をして並列接続したり、電池の能力を上げたりした結果、39 lb（約 18kg）まで吊り上げることができたとしている。この時の磁石の吸引力は、スタージャンの磁石より 5.1 倍相当の大きさになり、当時の世界記録であったことから実験場所に因み、この磁石はオールバニマグネット（Albany magnet）と呼ばれている。

　彼は、この成果をもとに 1832 年にニュージャージー大学（現・プリンストン大学）に移り、ここでさらに大型の電磁石を開発し、最終的には 1833 年に 100 lb（約 45kg）の磁石で 3,500 lb（約 1,588kg）を吊り下げるものまで作った。

　ヘンリーは、このように電磁石の強力化に力を注いだが、その吸引力を機械的な仕事に使うことを目的として、竿秤のように支点を持つ**図 1** のような装置を 1831 年に作っている。この装置では両脇に永久磁石を置いた中央の柱の頂点に、ここを支点としたビーム型電磁石がある。そして、その両脇の永久磁石の上端の極性は同じにした。一方、電磁石のコイルは、互いに巻方向が異なる巻線が 2 重になっている。そして、その巻線の端が電磁石の両端から突き出ていて、水銀溜を介して電池に接続される。ここで電磁石の右端 B が傾き右側の永久磁石に接触したとする。この時に接触

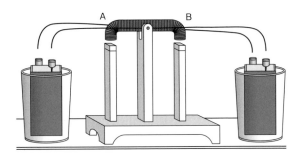

図1　ヘンリーの磁石ロッカー

した右側の電池からの電流によって電磁石Bの極性が永久磁石の極性と同極性に励磁されると反発する。一方、左端Aは、永久磁石と逆極性になるので吸引される。したがって、電磁石は左に傾く。

　次いで、左端Aが左側の永久磁石に接触し、電磁石に電流が流れると逆方向に巻かれた別のコイルに電流が流れるため電磁石の極性が反転し、左端が永久磁石の極性と同じになるので反発し、右端Bは永久磁石と逆極性になるため吸引して電磁石は右に傾き、ここで流れる電流は右に傾いた時と同じ作用をするので、電磁石は再び左に傾き同じ動作を繰り返すことになる。この装置は75回/minのサイクルで揺動した。この装置が電気鈴の原理で、これはヘンリーの磁石ロッカーと呼ばれている。

　彼はもともと、電流はその強さが弱くなっても、どこまでも届くと考えていた。そのため電磁現象による通信のアイデアを最初から持っていたと言われている。この装置も、後にワグナー（Johann Philipp Wagner（1799-1879）、ドイツ）によって開発されたワグナーハンマーと呼ばれた電鈴装置の原理にもなったことから、ヘンリーが電信装置の創始者とされる。しかし、通信への可能性については、すでにエルステッドの発見の知らせがフランスに届いた時、ラプラス変換で知られるラプラス（Pierre-Simon Laplace（1749-1827）、フランス）が示唆し、アンペアが1820年10月2日にフランス科学アカデミーで、その構想を発表していた。

　このように、ヘンリーは強力な電磁石の開発とともに周期の短い振動機

械を考えたが、イタリアのパドヴァ大学教授のダル・ネグロ（Salvatore Dal Negro（1768-1839)、イタリア）は、1830 年頃に電流を切り替える仕組みを作り、U 型電磁石の極性を交互に変えて揺動運動をする周期の長い振動機械装置を作った（**図2**）。

　ここでは、支点のあるビームの一端に重りを付け、電磁石でビームの端を吸引する。そして、支点の右側に電磁石に流れる電流をビームの傾きに応じて入り切りする水銀溜を設けてスイッチとし、この切り替えによりビームの他端の上下運動を、爪車を介して円筒に巻き付けた紐で重りを巻き上げる動作をさせることに成功した。これが電磁力を動力源とした最初の例となる。その後、1834 年には振り子式の装置を発表したが、この時の仕事率は 60g の重りを 5 cm/s の速度で巻き上げたので、30mW に相当する。

　振り子式に関しては、同じ頃、シュルテス（Rudolph Schulthess（1800 年代前半)、スイス）も 1833 年 1 月 18 日に公開し、その内容をその年の 2 月 18 日にチューリッヒで講演している。この装置は支点の上に電磁石があり、電磁石の制御は振り子の振れに応じて電流を入り切りするようにした。彼はこの装置の結果として「電磁力を動力源にすることの可能性は大きい」という結論を下している。

　イタリアのトリノ大学の教授ボット（Giuseppe Domenico Botto（1791-

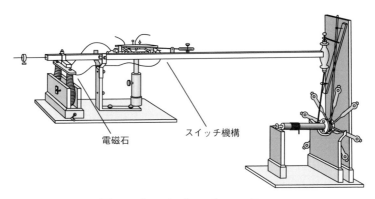

電磁石　　　　　スイッチ機構

図2　ダル・ネグロの巻き上げ装置

1865)、イタリア）もメトロノーム状装置を作ったが、その縦棒の下部が2個の電磁石の切り替えで左右に動くようになっている。ここでは、縦棒の上部の長さが下部より長いため揺動運動は拡大され、この上部先端に横棒（クランクアーム）が付いているので、左右の動きがクランク機構によって回転運動として取り出されている。この例は、電磁運動をクランク運動に変えた最初の例である。

　もともと電磁石の吸引力の大きさは吸着片と磁極の間の距離の自乗に反比例し、取り出せるエネルギーはその距離に反比例する。そのため電磁石の吸引力によって十分な仕事をするには、吸着片と磁極の間の距離はできるだけ小さい方がよい。しかし、この小さな変位で仕事をしようとすると、この変位を拡大する必要が出てくる。そこで、クランクアームを大きく取ることで変位を拡大し、ここにコネクティングロッドを取り付けて回転運動に変換することが必要になる。ところが、この方法では、支点からの距離が大きくなれば、テコの原理でそこに作用する力は小さくなるので、大きな力を引き出すためには、この機構が必ずしも有効な手段とも言えない。そのためボットはそれ以後、いくつかの方法を考えているが、この方法を使った代表的なものとしては、ペイジ（Charles Grafton Page（1812-1868）、アメリカ）が1834年に発表した、図3に示す装置を挙げることができる。

　ここでは、U型電磁石2個を並べ、支点に支えられたビームの先に鉄片があり、磁石を交互に励磁すると吸着されて揺動を繰り返す。この運動は、鉄片の端につながれたビームの運動をアームの揺動運動に変換する。さらにアームの他端がクランクロッドにつながっているので、回転運動に変換される。電磁石の励磁は回転円盤の軸に整流子状のスイッチ片があり、これによってクランク位置に同期して電流が切り替わるようになっている。しかし、このように磁極面に鉄片を吸着させる方法では、その鉄片の移動距離を長く取れない。そのため、この力を動力として取り出すためには、外部構造に工夫がいる。そこで蒸気機関のピストンシリンダを真似て、中空コイルに鉄心を挿入することで移動距離を大きくする方法を考えた。

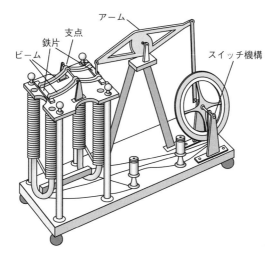

図3　ペイジの電磁石モータ

　ペイジは、この方式を用いて図3の方式を改良し、電磁石を複式にした装置を作っている。この機械はかなり大きなもので、コイルの直径が1 ft（約30.4cm）あり、300 lb（約136.1kg）の重量を10inch（約25.4cm）上げることができた。187Jのエネルギーを出したことになる。この電動機は旋盤の動力源としても使われ、さらに改良したものは電気機関車の動力源としても使われた。

　そのほか、電磁石の吸引力によって機械的動力を得る方法としては、クランク機構を使わなくても車輪の外周に鉄片を貼り付け、それを吸引する電磁石を外枠に取り付ける方法がある。ダビッドソン（Robert Davidson（1804-1894）、スコットランド）は、この方法を使って機関車を走らせた。しかし、電磁石の吸引力を使う方法としては、それ以上に有効な方法を考え出すことができなかった。また、これらの方法はいずれも電池を電源としたため、その能力に限度があったが、直流発電機が出現し、それが電動機として使えることが分かった1873年以後、電磁石による動力装置は衰退した。ただ、電磁石の吸引力を使った装置は動力装置ではなく、情報機器として電信装置に使われて生き延びた。

参考文献

（ 1 ）Arago, F. : Meteorological Essays, Chap Ⅱ, 1855

（ 2 ）Trans. Society of Arts, No.18, p.3, 1825

（ 3 ）Henry, J. : American Jour. Science and Arts., Vol.19, pp.400-408, Jan. 1831

（ 4 ）Fahie, J.J. : A history of electric telegraphy to the year 1837, p.293, p.302, 1884

（ 5 ）Henry, J. : American Jour. Science and Arts., Vol.20, pp.340-343, Jul. 1831

（ 6 ）Osborne, H.S. & Dowling, A.M. : The electrical Discoveries of Joseph Henry, p.11, 1932

（ 7 ）Prescott, G.B. : Dynamo-Electricity, p.690, 1884

（ 8 ）http://www.bitnick.it/Melloni%20News/40%20-%20ariete.htm

（ 9 ）Schulthess, R. : Scientific Memoirs Volume 1, pp.534-540, 1837

（10）American Journal of Science, Vol.35, p.264, 1839

（11）Thompson, S.P. : The Electromagnet and Electromagnetic Mechanism, p.354, 1891

（12）Thompson, S.P. : Lectures on the Electromagnet, 1851

（13）Du Moncel, Th., Geraldy, F. : Electricity as a motive power, 1883

第3幕

電気機械の発展の苦労話

1．整流子を考え出したのは誰か

　現代では、直流の電動機や発電機の整流子はまったく同じ構造をしている。しかし、これらが形作られていく過程では、相互に影響し合いながらもまったく別の道を辿ってきた。まず電動機では、ハンガリーのイェドリクが先鞭をつけたが、彼は回転子に流れる電流を、回転と共に切り替えるスイッチ機構として水銀溜を使った装置を考えた。その時期は 1830 年頃と思われるが、その後、リッチやスタージャンが同様の装置を持つ電動機を考えた。これらは水銀溜を使っている制約から、すべて回転軸は垂直であった。しかし、動力源として電動機を使うためには回転軸は水平の方が使いやすい。

　その水平軸の電動機が最初に現れたのが 1834 年で、後に述べるヤコビ（Moritz-Hermann von Jacobi（1801-1874）、ドイツ）がそれを作った。これが電動機の実用機への最初の例であり、金属接触を使ったスイッチ機構の最初の例でもあったが、後に出現する整流子構造とは異質のものであった。

　これに対してペイジは、ライブ（Auguste Arthur de la Rive（1801-1873）、スイス）の発明した電動機の例（**図 1**）を 1838 年に紹介している。この電動機は、U 型磁石の中で垂直軸周りに円形コイル A が回転する装置で、そのコイルの下に今の形に近い整流子が設けられている。これは銀製の半円筒の整流子片からなっていて、これを下方にあるバネで刷子を押さえている。ここで、整流子の半径は摩擦トルクを小さくするため、できるだけ小さくすることが必要であるとし、ペイジはこの装置を「従来にない新しい装置である」と紹介している。このライブの整流子が、金属接触を使った現代につながる整流子の原型と考えられる。ただ、この時は整流子とは呼ばれていない。その後ペイジは、この装置を極性変換器（pole changer）と名付けた。

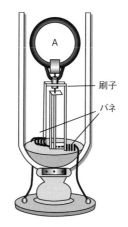

図1　ライブの電動機

　電動機はその後、電磁石の吸引力を利用して往復運動をリンクで回転運動に変えるか、あるいは円周上に磁性体を配置して、周辺に置いた電磁石で吸引する方式で回転動力を得ていた。ここでは、電磁石の吸引力を交互に切り替える単純なスイッチ機構で対応していた例が多い。

　一方、発電機は電動機よりも開発は少し遅れた。アンペアは、一定磁界内で移動する導体には電流が流れる現象を発見したが、この現象を1つの発電機構としてまとめたピクシー（Hippolyte Pixii（1808-1835）、フランス）の機構が、その後に続く発電機の基礎になった。彼は、アンペアの研究室に出入りしていた実験道具を作る職人であったが、研究室で行われている実験を見て、**図2**のような装置を考えた。この装置はU型磁石Aをぶら下げ、その下にコイルを巻いたU型の部材Bを回転しないように取り付けてある。そして、コイルの両端 a、a′は水銀溜に浸されている。この状態でハンドルを回して上の磁石Aを回転させると、水銀溜からスパークが発生するので、電気が発生していることを確認した。この結果は、1832年9月3日にフランス科学アカデミーの会議でアンペアによって発表された。さらに1833年11月には、ロンドンのアデレードギャラリーで展示している。一般的にはこれが発電機の第1号とされ、機械的な運動を電気に

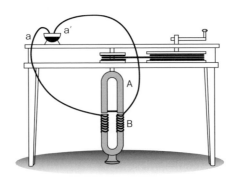

図2　ピクシーの最初の発電機

初めて変えることに成功した最初の例である。フランス科学アカデミーは、1833年にこの業績によってピクシーにエムドゥモンティヨン金賞を贈った。

　しかし、ここで発生する電流は、コイルの下を通過する磁極が交互にN、Sと変わるため交流となる。このことは最初にアンペアが発表した時にすでに気が付いていて、これを直流に変える装置を考え、その構造についても述べているが、具体的な図は示されていない。その記述では、シーソーのようなものを用いたとあることから、**図3**のようなものであったと想像される。

　まず相互に絶縁され、X型に交差した金属片c、dがあり、これらには入力端子A、A′がつながれている。この上に軸Sがあり、この軸は揺動できる。この軸に可動接触片a、bとa′、b′があり、これらは端子B、B′を持っている。そして軸Sの揺動に伴って、最初に（a）の状態の時、接触片a、a′がc、dに接触するが、（b）の状態にした時、b、b′がc、dに接触する。

　ここで入力端子A、A′にはコイルが接続されていて、磁石を回転させると交流が入力される。そこで入力端子A、A′に流れる電流が左から右に流れる時、軸Sを傾けて（a）の状態にし、入力電流が反転して右から左に流れる時に（b）の状態にすると、出力端子B、B′からは右方から左方へ

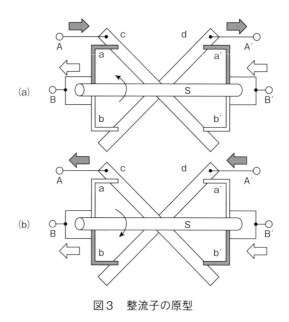

図3　整流子の原型

　の電流、つまり直流が得られる。ここでは、回転に同期してこの切り替え
をしなければならないが、自動的に行うのではなく、手動で動かすものの
ようである。

　ここで問題なのは、可動片 ab、a′b′と c 、 d が接触する接点である。
当時の電気接続は固定的に接続する場合は溶着していたが、取り外しが必
要な接続をする場合は、導線同士を直接金属接触で結合する方法は使わず
水銀溜を仲介にしている。そのためアンペアも可動片の接点 ab、a′b′に
は半球形の磁石を使い、固定片側 c 、 d には水銀溜を使った。しかし、こ
れを動作させると水銀が飛び散りうまくいかなかったので、ピクシーは水
銀を止めて銅板にして解決したとしている。このように磁界内でコイルを
回転させて発電する機構において、直流を得るためには電流の切り替え装
置が必要であることを示したのはアンペアであったが、ピクシーがこれを
改良したと言える。そして、ここでは金属接触が使われた。

　現在、ピクシーの発電機として広く紹介されているレプリカの整流装置

はこのような形ではなく、円筒形の整流子で表されている例（**図4**）が多いが、これは間違いで、大英科学博物館、ドイツ博物館、ガリレオ博物館の展示物が本来の形に近いと言える。また、アンペアとピクシーが行った実験装置はもっと素朴な図2のようなもので、直流を出力するものではなかった。しかし、図2もヨーロッパに滞在していたジャクソン（Charles Thomas Jackson（1805-1880）、アメリカ）が、本国からの求めに応じて雑誌の編集者に送った手紙に示されたもので、アンペア自身の記述によるものでないことは留意すべきである。いずれにしても、イェドリクのアイデアをここに使えば、もっと簡単に整流できたことは間違いないが、電動機と発電機は別物と考えられていた当時としては、この両者の電流切り替え技術を同じ発想で解決できなかったことはやむを得ないことであった。

　その後の発電機では、1835年頃にクラーク（Edward Marmaduke Clarke（1804-1850）、イギリス）やサックストン（Joseph Saxton（1799-1873）、アメリカ）が多少形態の違う金属接触の整流子を作っているが、発電機としての形態はピクシーと同じものを1836年にステーレル（Emil Stöhrer（1813-1880）、ドイツ）が作っている。ここでは、水平にしたU型磁石の極面の前面を水平軸に取り付けたコイルが回転するもので、その整

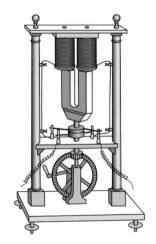

図4　ピクシー発電機の例

流子は**図5**のようなものであった。

この整流子機構は、半円よりも少し長い整流子片1、2、3、4を互い違いに配置していて、1、4および2、3の間が電気的に結合している。そして、それぞれが2個の回転コイルの端末C_1、C_2に接続されている。そのためコイルが半回転するごとにC_1、C_2の極性が入れ替わり、交流が発生する。ここで整流子片に接触する刷子A、Bは1、2および3、4を跨ぐ幅を持っているので、半回転するごとに刷子A、Bに接触する整流子片が入れ替わり、刷子からは同一極性の電流、すなわち直流が出力される。

ここで整流子片が半円形より少し大きく、隣の整流子片と重なり合う部分は両コイルの中間線上にある。この部分で刷子が同時に2個の整流子片と接触するのは、コイル間の切り替えによる火花の発生を避けるためで、この形はさらに**図6**のようなものとして、より洗練されたものとなる。

ここでは整流子片は山型をしていて、これに接触する刷子は4個ある。両端にある刷子A_1、A_2はコイルに接続されていて、刷子B_1、B_2が出力端子につながれている。つまりA_1、A_2刷子には交流が流れるが、その極性は回転に伴って半回転ごとに交互に入れ替わる。その電流が反転する位置に刷子B_1、B_2の境目を置けば、B_1、B_2の出力電流としては直流が得ら

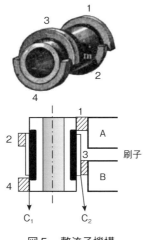

図5　整流子機構

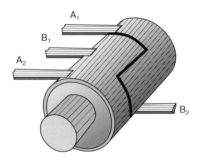

図6　山型整流子

れる。ただ、これらの整流子はコイルが2個の場合に対応した整流子である。ピクシーの発電機の整流子として、これが例示されている例（図4）が多いが、時代的に整合が取れない。

　これらの例は、U型磁石の両足の前面にコイルを置き、その回転軸心はU型と同じ平面内にあった。ジーメンス・W（Ernst Werner von Siemens（1816-1892）、ドイツ）はこれに対して、回転軸心をU型磁石平面に対して直交する位置に置き、回転子としてはH型断面の円筒状コアに、軸方向に巻き線を巻く方式のものを開発した（**図7**）。ここでは、回転子の深い溝にコイルを巻いて全体が円筒形になるようにしている。そして、軸の一端に整流子A、A′を設けた。この整流子の形状ははっきりしない部分がある。現代のセンスで言えば、軸方向に2本の溝がある形になるところを、円筒表面に斜めの溝のある整流子（rheotrope）からなっている。この発電機をジーメンス・Wは1854年頃に作り、これに関する英国特許（No. 2,017）を

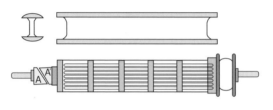

図7　ジーメンスボビン

1856年に取った。この回転子は、ジーメンス・アマチュア、ジーメンスボビン、あるいはシャトル・アマチュアなどと呼ばれている。これが現代の整流子に近い形をした最初らしきものの例であると同時に、ここで初めて発電機の整流子が電動機に用いられ、ペイジによってポールチェンジャー（pole changer）と呼ばれたものと一致した。直流電動機が発電機と互換性があると気が付いたのはもう少し先の話である。

参考文献

（1）Sturgeon's Annals of Electricity, Vol.1, plate Ⅱ, fig.17, 1837

（2）Memoire sur l'application de l'Electro-Magnetisme au Mouvement des Machines A detailed scientific memoir of the application of electro-magnetism in motion machines

（3）American Journal of Science, Vol.33, p.191, 1838

（4）American Journal of Science, Vol.35, p.292, 1839

（5）The American Journal of Science and Arts, Vol.24, p.146, 1833

（6）Ampere, M.：Annal de Chimie（France）, pp.76-79, 1832

（7）http://www.edisontc.org/grid-history/hippolyte-pixii-comes-out-of-obscurity/

（8）http://catalogue.museogalileo.it/object/MagnetoelectricMachineByPixii.html

（9）Urquhart, J.W.：Dynamo Construction, p.9, 1891

（10）Schellen, H.：Magneto-electric and Dynamo-electric Machines, Vol.1, 1891

（11）Thompson, S.P.：Dynamo-electric machinery, Vol.1, 1892

2．電機子の最初の形は円筒形ではなかった

　直流発電機の電機子は現在では円筒形が普通であるが、この形態が一般化するのはジーメンス・ハルスケ社によるところが大きい。しかし、それ以前は円環型のものが主流であった。その最初の例は、**図1**に見ることができる。これは電動機として開発されたが、発電機としても使える。しかし、当時はそのような可能性は知られていなかった。

　その構造は図のように界磁巻線と回転子が共にリング状をしている。そして、それぞれには6個のコイルがあり、それらの巻方向は隣同士が互いに逆向きに巻かれていて、直径線上の2点から電流が供給される。したがって界磁リング上では、巻方向の変わる60°ごとの位置でN、Sの極性が変わる。同様に、回転子でも巻方向の変わる位置でその極性が変わるが、回転軸上にある整流子によって60°ごとの位置で電流の方向が反転するので、回転を継続することができる。この電動機は、オランダのハーレムに住んでいたアマチュア科学者イライアス（P. Elias（1804-1878）、オランダ）によって1842年に考えられ、後にロミリー（Orly Worms de Romilly（不

図1　イライアスの環状電動機

明)、フランス)が1866年フランスで特許化したが、図1の装置は1881年にパリ万国博覧会で展示されたものである。

　このリング状電機子は、オランダから遠く離れたイタリアのパチノッチ（Antonio Pacinotti（1841-1912）、イタリア）が引き継いだが、彼とイライアスの間に交渉があったわけではない。パチノッチは、ピサ大学教授の父親から電磁気学を学び、1860年19歳の時に、温めていた電動機の構想をもとにピサ大学物理技術博物館の求めに応じて**図2**のような装置を作った。ただ、この図2の装置は1873年のウイーン万国博覧会、1881年のパリ国際電気博覧会での展示用のもので、彼が最初に作ったものではない。この装置による実験結果は、1864年に「小型電気・磁気機械（電動機の意味）」のタイトルで発表された。しかし、この論文は10年くらい関心を持たれなかった。その原因は、イタリア語で書かれたことにも関係がある。

　この機械では、回転子と整流子は垂直軸に取り付けられている。また、回転子の鉄心は歯車状の鉄のリング（円環）からなり、そこに16個の歯溝を設け、その歯溝部分に巻き方向が同じコイルをはめ込み、それぞれのコイルの巻き初めと巻き終わりを、1つずつまとめて整流子の切片に接続している。つまり、同一方向に巻かれたコイルが全体として直列につながれていて、全体として巻線はエンドレスになっている。ここで整流子の切片

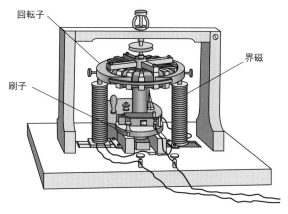

図2　パチノッチの電動機

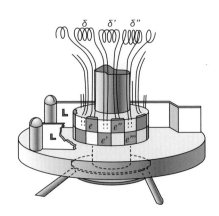

図3　パチノッチの整流子構造

　は、**図3**のように軸方向に入れ違いの構造をしていた。さらにこの回転子構造は、次につながる環状電機子の先駆的なものであった。

　イライアス方式の構造は電機子の巻線が円環上で60°ごとにコイルの巻方向が逆向きになっていたのに対して、この方式では全体が同一方向に巻かれたエンドレス構造になっている。また、界磁磁界を発生する固定子は棒状の2本の電磁石で、回転子の直径線上にあり、回転子のコイルの下面に接するように垂直に配置されていた。つまり界磁が2極であるのに対して、イライアス方式ではN、S極が60°の間隔で配置されていたことが大きな相違である。

　上の2例は、いずれも実験装置の域を出なかったが、電動機として開発されたものであった。一方、環状電機子を持つ直流発電機は、パチノッチの開発から数年後の1869年頃にグラム（Zénobe Théophile Gramme（1826-1901）、ベルギー)によって開発された。グラムの父親は税務署の職員で教育のある人であったため彼に高度の教育を与えようとしたが、机上の勉強よりものを作る方が好きであった。そのため22歳の時にパリに出て建具職人になり、その後、機械工になって電気を学んだ。そして、会社を設立してアーク灯の制御装置の特許をいくつか取っている。

　その流れの中で、グラムはパチノッチの作ったものと同じような環状電

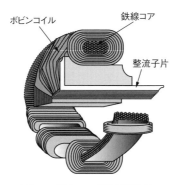

ボビンコイル　　　　　鉄線コア

整流子片

図4　グラムの環状電機子

機子構造の発電機（**図4**）を作ったらしい。この構造は、パチノッチのもの
と似ているが、アイデアを流用したわけではない。その理由は、パチノッ
チの論文は電動機の論文と思われていたこと、また、1870 年頃までほと
んど知られることなく埋もれていたと言われていることによる。しかし、
それまでの発電機が軸と平行にコイルを並べた構造をしていたものから、
このような形にしたことの意義は大きい。

　このグラムの作った発電機も直接彼が発表した結果、知られるように
なったのではなく、ソルボンヌ大学の物理学教授ジャマン（Jules Célestin
Jamin （1818-1886）、フランス）が、1871 年にフランス科学アカデミーで
発表したことがきっかけであった。グラムがこれを特許化したのは 1878
年のことで、ジャマンは重ね鋼板（積層鋼板）磁石の発明者である。彼
は、電磁石を構成する鉄心は一塊のものではなく鋼板を重ねたものでない
と、鉄心に巻かれたコイルに交流電流が流れると鉄心に渦電流（フーコー
（Jean-Bernard Léon Foucault （1819-1868）、フランス）によって 1855 年
に発見されたとされ、フーコー電流とも呼ばれる）が発生し、これが熱と
なって損失になることを発見した。そのため交流電流が流れる電機子に積
層鋼板を使えば，渦電流による損失を少なくできる効果があると主張した。

　図4のグラムの発電機の電機子は図に示すように、鋼製の鉄線を束ねた
ものを環状にした鉄心を用い、渦電流損失を防ごうとしている。ここにジ

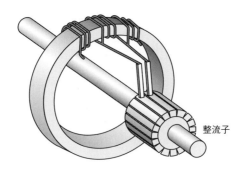

図 5　グラムの整流子

ャマンの主張がどの程度入れられたかははっきりしないが、何らかの関連
があったものと思われる。このことが鉄塊で作られたパチノッチの鉄心構
造との大きな違いの 1 つであるが、整流子の構成も基本的に異なっている。
　その他の違いとしては、まずコイルはパチノッチが 16 個のボビンをリ
ング上に配置したが、グラムは 30 個以上の偶数のボビンを用いた。そして、
整流子は現代でも使われているように、円筒上に軸方向に並んだ整流子片
を持つ構造とし（**図 5**）、刷子は銅板を重ねたものを使っている。この整流
子構造は、その後の直流機械の構成を形作る基礎となったが、平準化した
直流電圧波形を出力するための技術を提供したことも見逃すことができな
い。
　グラムはその後、1871 年にフォンテイン（Hippolyte Fontaine（1833-
1910）、フランス）と一緒にグラム電磁機械会社を創業し、その後、環状電
機子を持った数々のグラム式ダイナモを製作していくが、一般に知られて
いる業績は、1873 年 5 ～ 11 月に開催されたウイーン万国博覧会の時の出
来事である。この時、彼は自分の作ったダイナモ 2 台を持ち込み、結線を
終えた後、1 台のダイナモを回転させたところ、他のダイナモが回転を始
めた現象に気が付いた。この時、彼は結線を間違え、ダイナモの出力をも
う 1 つのダイナモに入力したために起こった現象であったが、電動機と発
電機は同じ構造で動作することの発見でもあった。

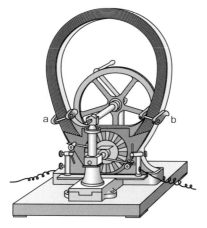

図6　グラム発電機

　グラムがこの現象を発見したとされるウイーン万国博覧会の前に、彼は
２種類の発電機を作っている。その１つは**図6**に示すように手回しで発電
する機械（1871年製造）で、この発電機は実験室用として広く用いられた
らしい。この機械は卵型の積層鉄板で作られた磁石と、環状鉄心からなる
電機子で構成されているが、磁石は下部にある留め金a、bで鉄板が開く
のを押さえつけている。

　他の１つ（**図7**）は1872年に製作した。当時、直流の用途は電源を電池
として、アーク灯による照明用途の他に徐々に電動機の出力も大きくなっ
ていく状況にあり、それに対応してより大きな直流電力を発電する必要が
あった。そこで、界磁磁界を大きくするために自励方式が発明されたが、
図7は、この自励方式によるもので電機子を同軸状に２個配置し、出力増
大を図ったものと思われる。この発電機は当時、銀加工をしていたパリの
クリストフル社の銀メッキ用の電源として使われたが、他に10台ほど作
られたらしく、大きさは高さ1.3m、幅0.8mで750kgの重量があった。
そして、これを駆動するには1HPの動力源を必要とした。

　ウイーン万国博覧会に持っていったものは、時系列的には図7の発電機
である可能性が高い。しかし、これを博覧会で展示した場合、蒸気機関も

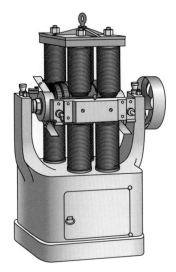

図 7　グラム発電機

必要になり、迫力はあるが 2 台持ち込んだということは蒸気機関も 2 台あったということに他ならず、この機械で結線間違いをしたという状況を理解するのは難しい部分がある。実際には図 6 の発電機を持ち込んだ可能性が高い。

　しかし、この発電機と電動機の互換性については、レンツ（Lenz, Heinrich Friedrich Emil（1804-1865）、ロシア）が 1834 年に発見したレンツの法則で、この現象の予測はついていたはずである。また、パチノッチが発表した論文の中でも、彼が作った電動機の電磁石界磁を永久磁石に変え、電機子を外からの動力で回転させれば発電機になることを記している。つまり、電動機と発電機の互換性を示唆していた。しかし、この論文は前述の通り、1870 年頃までヨーロッパでは知られることはなかったが、発電機と電動機の互換性の重要性が明らかになって以後、この先進的な業績が評価され、1881 年にパリ国際電気博覧会陪審員は彼に最高賞を贈呈した。この経緯からも分かるように、グラムを互換性問題の第一発見者とするには少々無理がある。

　その後、グラム式環状電機子は広く使われるようになったが、コイルを密接して巻くため発熱の逃げ場がなく容量が大きくなるに従ってこの対策が必要となること、また、界磁磁界がリングの内側にまで届かないため発電効率が悪い欠点があった。これらの欠点を解消するため、環状電機子型の発電機はいろいろな形態のものが出現した。なかでもブラッシュ（Charles Francis Brush（1849-1929）、アメリカ）のものは広く用いられた。

　しかし、円筒形電機子の方が容量を大きく取れることが明らかとなり、また巻線方法が改良された結果、環状電機子は円筒形電機子に比べて次第にその立場が弱くなっていった。その結果、グラム式の発電機は次の世代への橋渡しの役割を終えて消えていくが、整流子構造に新しい方式を持ち込んだことで現代に残るシステムを提供した功績は大きい。

参考文献

（1）Du Moncel, Th., Geraldy, F.：Electricity as a motive power, pp.58-60, 1883
（2）Schellen, H.：Magneto-electric and Dynamo-electric Machines, Vol.1, pp.204-217, pp.219-221, 1884
（3）Il Nuovo cimento, Vol.19, pp.378-384, 1864
（4）http://www.madehow.com/inventorbios/61/Z-nobe-Th-ophile-Gramme.html
（5）Schellen, H.：Magneto-electric and Dynamo-electric Machines, Vol.1, pp.231-235, pp.264-302, 1891
（6）Thompson, S.P.：Dyanmo-Electric Machinery, p.115, 1886
（7）Thompson, S.P.：Dynamo-Electric Machinery, Vol.1, pp.36-41, pp.342-372, 1892
（8）Urquhart, J.W.：Dynamo construction, pp.123-124, pp.272-279, 1891

3．自励発電方式の発明者は誰か

　スタージャンが、1824年にU型の鋼材にコイルを巻いた電磁石を発明
し、電流の開閉によって鉄片に対する吸引力を制御できることを示した。
この動作原理は、その頃、すでに実用技術として使われていた蒸気機関の
ピストン運動に対応させて、電磁石による往復運動を機械動力に変える電
気エンジンの技術が発達することになる。このような時代背景の中で、光
学器械を作っていたワトキンズ（Francis Watkins（1800-1847）、イギリス）
は電気にも興味を持っていて、軟鉄で作った電磁石は電磁石の吸引力の切
れが甘いことを1833年に発見した。

　彼の実験によれば、軟鉄製のU型電磁石に通電して、キーパと呼ぶ軟鉄
製の角型の部材を吸着させ、これに重錘をぶら下げて、磁石の吸引力を測
定した。その結果、通電時には、重錘125lb（約56.7kg）をぶら下げるこ
とができたが、電磁石の電流を遮断しても、56lb（約25kg）の重錘を保持
するだけの磁力が残っていて、その磁力は数日後も変わることはなかった。
この現象は、キーパの形を変えても影響を受けることがなかったとしてい
る。

　この現象は、後に残留磁気と呼ばれるようになり、ワトキンズがその発
見者としてその名を留めているが、スタージャンが最初にU型電磁石の発
表をした時に、すでに鋼鉄製と軟鉄製では性能が違うことを示唆していた。
さらに遡れば、1000年頃には磁石コンパスは、針を天然磁石にこすりつ
けることで作成していたことが知られている。これも残留磁気の応用であ
ったが、ワトキンズの発見は電磁石と結び付けたことに意味があった。

　その後、ピクシーが最初に直流発電機を発明した時、回転する永久磁石
のN、Sの磁極面が、固定したコイルの端面を通過する構造であったため
交流が発生し、それを直流に変えるために複雑な整流子を必要とした。そ
こで固定したN極またはS極だけに、回転するコイルが通過するようにす

れば、発生する電圧は脈流であっても直流になり整流子を必要としない。具体的には、**図1**のような構造になる。この装置は、酸化バリウムを発見したウールリッチ（John Stephen Woolrich（1820-1850）、イギリス）が1844年に電気メッキ用として開発したもので、発電機出力を大きくすることを目的に、8個のコイルの軸を回転軸と平行にして円周上に並べている。この回転円盤の周辺に4個のU型磁石を半径方向に向け、コイルを跨ぐようにして円周に配置した。ここでは磁石がコイルを跨いでいるので、整流子は不要で直流が得られる。

この発電機は高さ6ft（約1.8m）、磁石の長さ2ft（約0.6m）あり、かなり大型で、実験的な発電機ではなく、その頃すでに実用段階にあった蒸気機関で駆動したため頑丈な構造をしている。彼は、この機械をマグネト（Magneto）と呼び、エルキントン社でメッキ用電源として使うとともに商業化した。ウールリッチの業績は、工業的に使える実用発電機として疑いもなく最初の例を作ったことにあった。

ここでシンステデン（Wilhelm Josef Sinsteden（1803-1891）、ドイツ）は、このウールリッチの発電機の能力を強化する方法を研究した。彼は、現代でも広く使われている鉛蓄電池の最初の発明者であるが（1854年）、この電池を改良したプランテ（Gaston Planté（1834-1889）、フランス）が、鉛

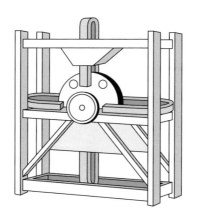

図1　ウールリッチの直流発電機

畜電池の発明者とされていることから、表に出ない陰の人である。その彼が、ウールリッチの発電機の能力を上げるために、発電機の界磁用に使われている永久磁石を、それ自身が発電した電流で励磁する自励方式を1851年に提案した。

　この論文を読んだかどうかははっきりしないが、技術者ヨルト（Søren Hjorth（1801-1870）、デンマーク）が1854年10月にイギリスに出願した発電機の特許（No. 12,295）は、1855年4月に「Dynamo-electric machine」として登録された。その構造は、シンステデンのアイデアに近いものを取り込んでいた（**図2**）。ここでは、回転子に複数のコイルが回転軸に平行に配置されている。そして、このコイルの両側に界磁巻線があり、さらに永久磁石も回転子を挟むように配置されている。そのため、回転子が回転すると永久磁石の界磁により回転子のコイルに直流が発生する。そこで、その電流を界磁巻線に供給すれば界磁が磁界を継続的に発生することができるので、自立的に発電ができる。

　これを発想した時の彼は、電磁誘導による発電装置では永久磁石は必ずしも必要ではなく、残留磁気を使えばよいのではないかと考えていた。そして、この発電機で発生した電流を、すでに彼が開発していたピストン式の電動機につなぎ、その動力で再びこの発電機を回転させることで永久機

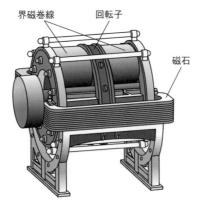

図2　ヨルトの発電機

関が実現できるとしたが、この試みは失敗した。しかし、後に確立される自励発電機の発想の芽はここにもあった。

　ジーメンス・Wは、通信用の発電機として、ジーメンスボビン電機子と、永久磁石を界磁とする2極発電機を1854年頃に完成していた。一方、1866年にワイルド（Henry Wilde（1833-1919）、イギリス）は、シンステデンの提案を参考にして発電機を開発した。ここでは、永久磁石式界磁のジーメンス発電機で、巻線の界磁を持つ発電機の界磁を励磁するようにして、この2個の発電機を同時に動かすことで、より大きい電流を発電する他励方式のシステムを考えた（**図3**）。しかし、このシステムは温度上昇が激しく、実用化には成功しなかった。このワイルドに1866年10月、ファーマー（Moses Gerrish Farmer（1820-1893）、アメリカ）から手紙が届いたが、そこには発電機で発生した電流をその発電機の界磁に供給することができたことが記されていた。つまり自励方式の成功を告げるものであった。

　ジーメンス・Wはワイルド方式を改め、自励方式の開発を始めた。ここでは、最初に電池によって界磁を磁化させた後、その残留磁気を使って微少な電圧を発生させ、それをそれ自身の界磁の励磁に使ってさらに発生電圧を上げ、磁極が飽和磁束に到達するまで界磁を励磁する、いわばプラス

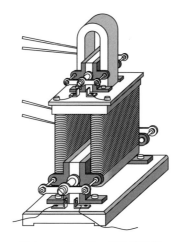

図3　ワイルドの他励発電機

のフィードバックによって界磁磁界を確立する自励方式を成功させた。

　この構想は、1866 年 12 月にドイツでジーメンス・Wが数人の科学者に話をしたのが最初らしく、次の年（1867 年）の 1 月中旬にベルリンの科学アカデミーで、その成果を発表した。さらに 1867 年 2 月に永久磁石を使わずに発電する方法として、次弟のジーメンス・C.W（Charles William Siemens（1823-1883）、ドイツ）が英国王立協会で発表したが、同じ席上でブリッジ回路で有名なホイートストン（Charles Wheatstone（1802-1875）、イギリス）も同じ趣旨の発表を行ったとされている。その内容は、ジーメンス・C.W のものとほとんど同じであった。異なっていた点は、ジーメンス・C.W が電機子と界磁を直列につないだのに対して、ホイートストンは並列につないだことであった。つまり、ジーメンス・C.W が直巻方式、ホイートストンが分巻方式を取り扱っていた。このホイートストンの分巻発電機（**図4**）は 1866 年、電信機の発明者であるストロー（John Matthias Augustus Stroh（1828-1914）、イギリス）によって作られていた。

　実は、ジーメンス・Wがドイツの内輪の会で発表した後、イギリスにいた彼の次弟、ジーメンス・C.W からホイートストンも同じ研究をしているという情報をつかんでいたので、このアイデアを 1867 年に特許化した。しかし、同様の特許は、海底電線を敷設したことで知られるバーレイ兄

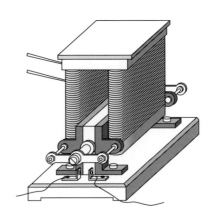

図4　ホイートストンの自励式発電機

弟（兄：クロムウェル（Cromwell Fleetwood Varley（1828-1883）、イギリス）、弟：サムウェル（Samuel Alfred Varley（1832-1921）、イギリス））の弟、サムウェルが自励式発電に関して、1866年12月24日に発電機に対する仮明細書という形で英国特許を申請していたが、それが開示されたのは1867年の7月であった。彼はその後、1876年に分巻巻線と直巻巻線の両方を持った複巻方式を発明するが、事業家としての資質に欠けていたため、いずれの成果もその功績は認められずに終わっている。また、自励発電に関しては、J.H. ジョンソンなる人物が、1858年に外国人枠として英国特許法のもとでの仮決定とされている。つまりジーメンス・Wは自励発電の特許を取ってはいるが、先取権があったかどうかは疑問が残る部分がある。

　当然、そのプライオリティに対するクレームは、アメリカのファーマーから寄せられた。それによれば、ファーマーがワイルドに手紙を出す前にいくつか自励現象の実験を重ねていて、その手紙をワイルドがジーメンス・C.Wとホイートストンに見せている。そして、発表会の席上で議論をして、その内容は『Manchester Philosophical Magazine』に掲載した。その時期は現物が手元にないのではっきりしないが、1867年の2月であったらしい。

　自励方式の特許が続出する中で、ラッド（William Ladd（1815-1885）、イギリス）が**図5**のような発電機システムを、ジーメンス発電機2台を組み合わせて提案している。彼は、1867年のパリ万国博覧会にこのシステムを展示した。この機械は、ジーメンス直流発電機の電機子が左右にあり、この両方の電機子が外部から駆動される。そして、上下の界磁は左右の電機子の共通の界磁であるが、上の界磁Aは左の電機子のN極、右の電機子のS極を構成し、下の界磁Bは上の界磁とは逆の関係にある。そして、左の電機子の出力は上下の界磁を励磁する。起動時には界磁の残留磁気により左の電機子に起電力が発生して、その電流が界磁を励磁するので、左の発電機と共に右の発電機も急速に出力電圧が立ち上がる。

　ここでは、残留磁気によって電圧が発生することを用いた自励式発電機

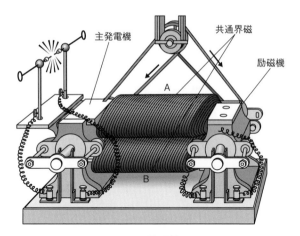

主発電機　共通界磁　励磁機

A

B

図5　ラッドの発電機システム

が構成されている。この方式を詳しく見ると、左の発電機が残留磁気で電圧が発生するのであれば、すでにそれ自身が発電しているので、わざわざ右の発電機に電流を供給する必要性はないと思うが、当時はそこまで考えが及ばなかったのかもしれない。パリでこれを見たヨルトは、彼の持つ特許を侵害したとクレームをつけたと言われている。

このように新しい方式の発電機が出てきたことで、永久磁石式や他励発電機をマグネット電気（Magneto-electric）、自励式発電機をダイナモ電気（Dynamo-electric）と呼んで区別した。また、直流発電機をダイナモ（Dynamo）と呼び、交流発電機をオルタネータ（Alternator）、発電機をジェネレータ（Generator）と呼ぶようになったのはこの頃である。

参考文献

（1）Philosophical Transaction of the Royal Society, Vol.123, pp.333-342, 1833
（2）Electrical World, Vol.16, No.9, p.156, Aug. 30, 1890
（3）King W.J.：The development of Electric Technology in the 19th century, pp.353-354, 1962
（4）Craddock, P.：Scientific Investigation of Copies, Fakes and Forgeries, fig.4, 16, 2009

(5) Urquhart, J.W. : Dynamo Construction, p.264, 1891

(6) Sinsteden : Annallen der Physik Chemie, S181-213, 1851

(7) Prescott, G.B. : Dynamo Electricity, p.543, p.551, 1884

(8) Thompson, S.P. : Dynamo-electric machinery, pp.13-14, 1892

(9) Oxford Dictionary, 2004

(10) Smith, S. : Soren Hjorth, p.24, 1912

(11) Schellen H. : Magnet-electric and dynamo-electric machines, pp.129-145, 1891

(12) Wormell, R. : Electricity in the Service of Man, pp.232-239, 1890

(13) Krohn, F. : Magneto-and Dynamo-electric Machines, pp.14-28, 1884

4．実用電源として交流が使われ始めたのはなぜか

　1800 年にボルタが電池を発明した時、イタリアでは電気化学の研究が始まり、電気メッキの開発がブルグナテリ（Luigi Valentino Brugnatelli（1761-1818）、イタリア）によって行われた。そして 1805 年に金メッキの可能性について発表したのが、電気メッキ技術の最初とされている。しかし、この発表は、当時最も権威のあったフランス科学アカデミーで否定された。それにもかかわらず、ロシアやイギリスでこの研究が続けられ、1840 年にエルキントン（George Richards Elkington（1801-1865）、イギリス）一族が、ライト（John Wright（1808-1844）、イギリス）の協力を得て、金と銀のメッキ法を開発した。

　電気メッキの電源には最初は電池を用いていたが、この頃すでに直流発電機はあったので、関係者はこれを用いることを考えたに違いない。しかし、当時の直流発電機は不完全な整流子を必要としていた。これを改良したのが英国王立薬学校の教授であり、酸化バリウムの研究で知られるウールリッチで、1842 年に英国特許（No.9,431）を取得し、マグネトと名付けた。ここでエルキントンは、その権利を買い取り、さらに電気メッキに関係のある周辺特許も買い取ってメッキの事業を始め、ビクトリア王朝時代の宝飾品メーカーとしてイギリス王室の信頼も得て、大成功を収めることになった。

　一方、ファラデーの上司でもあったデービーは、最初の人工の光としてアーク灯を作ったが、人類が初めて手にした人工光は、たちまちその需要が増大した結果、電源は成り行きとして直流であった。そのため最初は電池を使っていたが、1845 年にパリのオペラ座が新装した時に、スケートシーンをライトアップするため、より明るい照明が必要になった。その時、石灰（ライム）によるアーク灯、すなわちライムライトが使われ、その後もライムライトは劇場照明として広く使われるようになる。

　ライムライトは、水素と酸素を石灰に吹き付けて照明にする方法を取っていたので、水素と酸素の需要が増えた。そこで軍学校の物理学教授をしていたノレ（Floris Nollet（1794-1853）、ベルギー）は、1850 年に水を電気分解して水素と酸素を作るため、ウールリッチの発電機マグネトを大型化した大電流直流発電機を考え、1853 年 7 月 1 日に英国特許を獲得した。しかしこの時、彼はすでに亡くなっていた。

　ノレの特許は、彼と一緒に仕事をしていたマルデレン（Joseph Van Malderen（不明）、ベルギー）とベルリオーズ（Auguste Berlioz（1819-1880）、フランス）が創立した、イギリスとフランスの合弁会社ラリアンス社に 1855 年に売られた。この会社は、ノレの図面を見直し再設計して、マグネトで永久磁石が円盤を跨いでいた方式から、永久磁石の側面を円盤に配置したコイルの端面が通過する方式に変更した。ここでは軸方向に馬蹄型磁石を並べ、永久磁石の極性を円盤の表と裏では逆にして並べているので、コイルには磁力線が通り抜けるようになっている。この方式では、円盤を跨ぐ方式よりコイルの数が増え、発生電力も大きくできたが、コイルは交互に N、S 極を横切るので発生電流は交流となる。そのため電気分解用には直流に変換するための整流装置が必要になる。

　もともとアーク灯用電源として使われていた直流発電機は、刷子を界磁極の間に置かなければならない制約から、初期段階では 2 極界磁しか取ることができず、大電流を取り出すことは難しかった。ノレの発明はそれを解決するためのものであったが、整流装置が複雑になり、十分な性能を引き出すことができなかったので、直流アーク灯を交流で点灯することを検討した。その結果、0.01 秒程度のアーク火花が消える時間さえあれば、交流でも点灯できることが分かった。

　この結果を見て、この機械で直流を発生することを止め、アーク灯電源としての交流発電機（**図 1**）の開発に方向転換した。そのための電気回路は、隣同士のコイルの巻方向を互いに逆にして直列に接続し、すべてのコイルの巻き終わりを回転軸に、一方の巻き初めの線は軸に付けたスリーブに接続する方法で交流出力を取り出した。そして、これを交流アーク灯の電源

図1　ラリアンス社の交流発電機

に使った方法を開発し、その展示を1859年に行っている。

　その後、ラリアンス社創設者の1人であるベルリオーズの販売促進により、この交流発電機は照明用として方々に使われ始め、発電機自体も大型となる。1861年には、6枚の円盤回転子を持つ機械2台を4HPの蒸気エンジンで駆動し、凱旋門の照明に使っている。その他に灯台の光源としても使われた。しかし、イギリスのダンジネス灯台に使った発電機の出力は450W程度あったが、効率は50%以下であったように、運転コストが高く、どこでも使えるものではなかったので、街路灯への提案などは行政が拒絶した例もある。しかし、イギリスでは、ホルムズ（Frederick Hale Holmes（1812-1875）、イギリス）がすべてのコイルの巻方向を同じにしてそれらの接続方法を改良し、新しい電機子構造を開発して大出力化した。

　ボビンコイルに界磁磁束を有効に通すためのその他の方法としては、固定界磁磁極を回転軸に平行に並べる方法がある。ここでは界磁極に馬蹄型の永久磁石を使わず、コイルで界磁を励磁する方式を採用した。そのため電源として直流が必要になる。この方法は、すでに他励方式を経験している直流発電機の技術を使えば問題はなく、1878年にジーメンス・ハルスケ社のアルテネック（Friedrich von Hefner-Alteneck（1845-1904）、ドイ

ツ）が設計した**図2**の発電機がその例である。

　図において、この交流発電機の1組の界磁は回転軸芯と平行にN、S極が対向して配置され、隣り合う組界磁の極性が異なるようにして円周上に並んでいる。そして回転電機子の隣同士のコイルは互いに巻き方向が逆になっていて、これらを直列に接続している。そして、このコイルの個数は界磁コイルの組数と等しく、巻き始めと巻き終わりが集電リングに接続されている。この界磁コイルの励磁には直流発電機を併設した。ここでの磁気回路構成は、マグネットと何ら変わることがなく、マグネットとの違いは界磁として永久磁石を使ったか、電磁石を使ったかの違いしかない。

　この発電機は4種類のものが作られたが、その最大のものはボビン数16個で200HPの出力があり、630rpmで回転した。用途は照明用で、16Aの出力電流があった。ただ、この交流発電機は同種の直流発電機の流用であったことを考えれば、当時の直流と交流の発電機の技術レベルは直流の方が高かった。

　しかし、次第に大型のものが作られるようになり、ジーメンス・ハルスケ社方式と同様の形式の発電機はバーミンガム大学の電気工学教授であったカップ（Gisbert Johann Eduard Kapp（1852-1922）、オーストリア）やゴードン（James Edward Henry Gordon（1852-1893）、イギリス）によっ

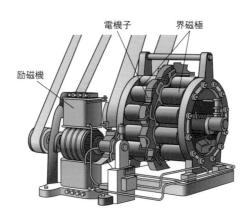

図2　ジーメンス・ハルスケ社の交流発電機

て、さらに大型化されたものが出現した。例えば、カップはエリコン社で2,000V、15A、700rpm の単相交流発電機を製作したが、1880 年代末頃には、2,000V、60A、100Hz、600rpm の単相発電機をメトロポリタンサプライ社のために製作している。このような大型の交流発電機も、まだ交流を動力源とする交流電動機がなかった以上、その用途は照明用が主流であった。しかし、照明需要は拡大していたため、出力を大きくする過程で、配電回路を別回路で2系統に分ける必要が出てきたことは容易に想像できる。

　ここでゴードンは、1882 年にそれまで勤めていたキャベンディシュ研究所を辞め、5,000 ～ 7,000 個のスワン電球を点灯するための交流発電機を製作した（**図3**）。そのための方法として、回転子の隣り合ったボビンを別回路にする工夫が施された。ここで発生する出力は二相交流になる。しかし、この機械には回転磁界の発想はなく、単に2系統の交流回路がある発電機であり、負荷としての交流電動機の開発は、テスラ（Nikola Tesla（1856-1943）、セルビア）の特許の出現まで待たねばならなかった。

　一方、回転軸に平行な界磁磁界の中でボビンコイルを回転させるマグネト以来の方式は、大型のものまで開発されたが、界磁磁界を有効に使う方式はこのような方法ばかりではない。メリテンス（Baron Auguste de

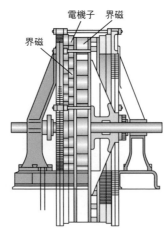

図3　ゴードンの二相交流発電機

Méritens（1834-1898）、フランス）は、マグネットの多数の永久磁石を使う方法を改良し、**図4**の装置を開発した。ここでは永久磁石を倒して、半径方向に発生する界磁磁界を使い、電機子構造をリング状にして界磁束をコイル側面に通し（**図5**）、リング状電機子にコイルを巻いて電流を取り出す方法で、1878年にフランス特許を取っている。しかし、このアイデアはパチノッチが1868年に発表し、グラムもリング電機子を持った直流発電機をすでに発表していたので、リング状電機子構造そのものは特に新味のあるものではなかった。

　この発電機はアーク灯用電源として使われた。また、ホプキンソン（John Hopkinson（1849-1898）、イギリス）は、この発電機2台を互いに並列接

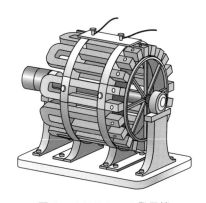

図4　メリテンスの発電機

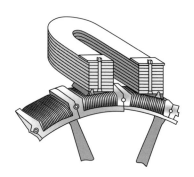

図5　メリテンスの発電機（詳細図）

続して同一回転速度で負荷に電力を供給した時、2台の発電機間の負荷分担割合が発生電圧の位相差によって決まることを見付けた。交流電力における位相の重要性の発見であった。

　界磁磁界の方向をこのように変えた発電機はその後、凸極界磁方式を交流発電機に使う形で定式化するようになるが、その最初の試みは、ガンツ社やホプキンソンなどの凸極の単相の交流発電機の開発（**図6**）に見ることができる。この流れは回転磁界の発見によって交流電動機が出現して以後、今日に至る交流発電機の原型を作るようになった。さらに交流出力が大きくなると、出力を回転しているコイルから取る方式では火花の発生を避けることができず、この対策として電流容量の大きい出力端子を固定した電機子巻線から取る方法も出現するようになった。その結果、界磁が固定、電機子が回転という直流発電機から継承してきた発電機の概念が変化した。

　1887年にテスラが回転磁界の特許を取るまでの交流発電技術は、彼の技術を受け入れるだけの周辺技術がこの頃からすでに地ならしされていたと言える。この回転磁界技術による交流電動機、なかでも誘導電動機は飛躍的に発展し、電力を動力源とする技術が確立され、交流電力技術の普及に莫大な力を発揮した。

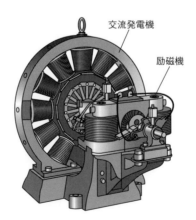

交流発電機

励磁機

図6　ホプキンソンの交流発電機

参考文献

（ 1 ）Fontaine, H.：Electric Lighting, A Practical Treatise, p.64, 1878

（ 2 ）Krohn F.：Magnet-Dynamo-electric-Machines, p.30, 1884

（ 3 ）Schroeder, H.：History of Electric Light, p.76, 1923

（ 4 ）Schellen, H.：Magneto-Electric and Dynamo-Electric Machines, Nathaniel S. Keith, p.428, 1884

（ 5 ）Schellen, H.：Magnet-Electric and Dynamo-Electric Machines, Vol.1, pp.104-109, 1891

（ 6 ）King, W.J.：The development of electrical technology in the 19th century; Smithsonian Inst., pp.356-374, 1962

（ 7 ）Thompson, S.P.：Dynamo-electric Machinery, E.& F.N. Spon, pp.659-686, 1892

（ 8 ）矢田恒二：誘導電動機の成立史, 電気学会研究会資料, HEE16-015, pp.31-38, 2016

5．変圧器が出現するまでのいきさつ

　ファラデーは天才肌の人であった。残された彼の実験ノートは貴重で、それに従えば今日でも追試ができるし、その思考過程を辿れる。中でも1831 年 8 月 29 日の記録は、変圧器の原理を発見した記録として有名である。この時期、アンペアやファラデーによって電気から磁気を作り出すことに成功していたが、次の興味として磁気から電気を作り出せるかどうかが課題になっていた。そこで、ファラデーは鉄輪に 2 個のコイルを巻き、一方のコイルの電流を入り切りした時、その開閉の瞬間のみ他方のコイルに電流が発生することを見付けた。さらに実験を重ねた結果、コイルに磁石を近付けても電流が発生することを発見した。つまり自己誘導と相互誘導、さらには変圧器原理の発見でもあった。そして彼は、この結果を1832 年に雑誌に掲載した。

　この頃、アメリカでは新進気鋭の学者ヘンリーが、銅線を絹糸で被覆することで重ね巻きする方法を開発し、強力な電磁石を作ることに情熱を傾けていた。ヘンリーはスコットランドの移民の子供として生まれたが、父親を早くに亡くし、貧しい家庭に育っている。そして、16 歳の時に天文学の本を読んだのがきっかけで、さらに勉強をしたくなり、1816 年にオールバニ科学アカデミーに入ったが、このことが彼の才能を開かせるきっかけになった。彼は卒業後、測量関係の仕事をしたが、その後、母校で数学と物理の教授となり、検流計の発明者であるシュバイガーの手法を発展させて、コイルの巻き数を多くすることで磁界の強さを大きくすることができることを発見して、1831 年に雑誌に投稿した。この論文は、彼がアメリカで評価されるきっかけとなる。そして、その次の年にファラデーの論文を読み、自分も同じ現象を発見していて、前年に発表した論文に掲載した電磁石の実験の時に、その現象を見付けたと主張した。

　ここでは、開発した電磁石に別のコイルを重ね巻きして、電磁石に流れ

る電流を開閉した時、重ね巻きした部分に設けた検流計の針が、電源オンの時とオフの時に互いに逆方向に振れ、通電している時には地磁気の方向に振れて安定していたと述べた。そして、このことをすぐに発表しなかったのは、身辺の雑事が重なったためであると弁明した。ちょうどこの頃、彼はプリンストン大学に移ろうとしていた時期で、雑事とはこのあたりの事情があったものと考えられる。いずれにしろ事情はともあれ、発表はファラデーが先であった。

　同じような主張は、ザンテデスキ（Francesco Zantedeschi（1797-1873）、イタリア）も行っている。彼は、パドヴァ大学の物理学教授であったが、磁石と化学の関連を調べている時に磁石の動きで電流が発生することを発見し、1829 年に雑誌に投稿したが、ファラデーの論文が出た後、この発見が彼より先行していたことに気が付き、プライオリティを主張する論文を投稿した。しかし、発見の内容はファラデーのような体系的な記録ではなく、単発的な結果に終わっていたために、注目されることはなかったのかもしれない。

　このプライオリティに関する主張は、国際電気会議（International Electrical Congress：IEC）が 1881 年に誘導係数（インダクタンス）の単位をHとして、その呼び名をヘンリーと定め、電気容量（キャパシタンス）の単位をFとしてファラデーに因んでファラッドとしたことによって決着がついたような形となった。

　ところで、電気容量の単位にファラデーの名前を冠したのは、彼が1836 年 12 月 21 日前後に行ったコンデンサの研究成果を評価したことによっている。元来、静電現象に関してはキャベンディシュ（Henry Cavendish（1731-1810）、イギリス）やクーロン（Charles Augustin de Coulomb（1736-1806）、フランス）、フランクリンなどによる研究の積み重ねがあり、フランクリンはライデン瓶の性能を研究して、ガラスを挟んだ金属板の間では大きな静電荷が蓄積できることを発見し、これをエレクトリックバッテリ（Electric Battery）と呼んでいた。つまりコンデンサは18 世紀の中頃に発明されていた。

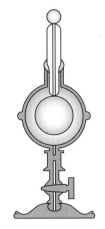

図1　ファラデーの電気容量測定装置

　ファラデーは1836年の実験において、**図1**のように球殻の中に球体を
置き、その隙間に硫黄やワックスなど様々な物質を入れて電気容量の変化
を測定した。そして、電気容量の大きさが面積に比例し、電極間距離に反
比例する関係を見出し、さらに電気容量を電荷／電圧として定義した。ま
た、電極間に介在する材料を誘電体（dielectric）と名付けた。このように
ファラデーは、誘導現象と誘電現象の両方に重要な功績を残している。そ
のため国際電気会議は、ファラデーの業績を単位名として残すためにどち
らを採択するべきか迷ったのではないだろうか。一方、ヘンリーはその後、
相互誘導現象の研究を続け、この現象を体系化するのに貢献したことや、
強力な電磁石を武器にして、電磁石式モータや電信機の実用化に使われる
ようになったことにより、プライオリティの話に根拠を与えたのかもしれ
ない。
　ファラデーの誘導現象の発見は、カラン（Nicholas Joseph Callan（1799-
1864）、アイルランド）が注目した。彼は、電磁石を開発したスタージャン
と親しかったらしく、巻き線長さ50ft（約15.2m）のコイルに1,300ft（約
396.2m）の巻き線長のもう1個のコイルを棒状の鉄心に設けて、他方のコ
イル、つまり一次側に電池をつなぎ、ファラデーの実験通り、電流を開閉

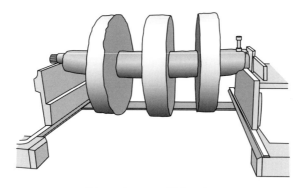

図２　カランの誘導コイル

することで二次側コイルに高電圧を発生させることに成功した。これが
1836 年のことで、最初の変圧器とされ、当時は誘導コイル（inductor）と呼
ばれた（**図２**）。この時、開閉の時間間隔により火花の大きさが変わること
を見付けたので、翌年 1837 年には開閉間隔を短くできる装置を考え、数
十〜数百回／s で開閉させた場合、十数 inch 間隔の放電に成功したとさ
れている。しかし、この開閉装置はシーソー形式の両端にある導体が、水
銀溜に浸かることでスイッチ作用を行わせるもので、現存するレプリカ装
置を見る限り、言われているような速度で動作することは無理と考える。

　そのことはともかく、彼は聖職者であったためにこの装置は玩具の類い
であるとして、成果そのものを誇示することはなく、このノウハウはルー
ムコルフ（Heinrich Daniel Ruhmkorff（1803-1877）、ドイツ）に与え、そ
の商品化を許したため、長い間カランの名前は忘れられていた。いずれに
しても当時は交流の概念がなく、この装置は新型電池のように考えられ、
実験設備や電気治療用機器としての使い道しかなかった。したがって、カ
ランを変圧器の創始者とするには疑問が残る。

　一方、ペイジもファラデーの結果に興味を持った１人であるが、彼はハ
ーバード大学の医学部を卒業していることから、元来は医者であった。そ
れが、電気治療器として使えるカランの装置を見て、誘導コイルに興味を
持ったに違いない。彼は、同僚デービス（Daniel Davis Jr.（1813-1887）、

アメリカ）と共にレピータ（repeater）あるいはインタプラタ（interrupter）と呼ばれる一次側電流を高速で開閉する装置を考え、高性能の誘導コイルを作っている。これらのコアは鉄線を束ねたものが使われた。中でも開閉装置はいろいろなものが考えられ、開閉のための動力源として時計に倣った機械式や電磁石方式などが試みられた。さらに接点構造を改良すると共に、一次と二次の間のコイルの巻き数比を大きくし、コイル間の絶縁対策にも工夫が凝らされ、二次側出力としての放電距離の拡大を競うようになっていった。**図3**は、その後期(1868 年)に作られたものの例である。

　しかし、このような構成になると当然インダクタンスは大きくなり、この回路を切断する時には大きなアークが発生する。また、この火花はコンデンサに対してはスイッチオンの時にも発生することが分かってきたが、装置が大型化するに従ってこの現象が目立つようになってきた。そして、スパークによって発生する接点の損傷を少なくするため、接点材料の工夫がされたが、レーケ（Petrus Leonardus Rijke （1812-1899）、オランダ）は、接点材料に白金や金を用いてスイッチ接点の間にコンデンサを接続すれば、接点の損傷が少なく二次側の火花も大きくできることを見付けた。この結果を参考に、ルームコルフは 1853 年に含油紙を金属板で挟んだコンデンサを開発した。これが電気回路要素としてのコンデンサの最初の例と

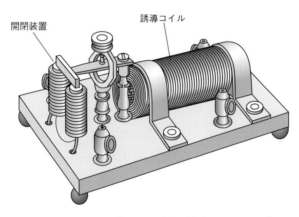

図3　ペイジの誘導コイル（米国特許 No. 76,654）

思われる。そして、二次側電圧はより高い電圧にする方向に研究が発展し、放電現象への興味は後にX線の発見につながることになった。

誘導コイルは、潜在的に変圧器への発展の可能性を持っていたが、ここで使われていた一次側の電流波形はパルス波形であったにもかかわらず、交流を流すという発想は電気治療器を目的とした誘導コイルの開発の中からはなかなか出てこなかった。何がきっかけだったかは分からないが、1868年にグローブ（William Robert Grove（1811-1896）、イギリス）が開閉器とコイルとコンデンサを直列に接続した状態で交流を流してみたところ、二次側に発生する火花が小さいことを見付け、このことをマクスウェル（James Clerk Maxwell（1831-1879）、イギリス）に問い合わせしている。彼は、水に浮かべたボートを引き合いに出して、交流の特質を述べて直列共振現象を説明した。このことが誘導コイルに交流を流した最初の例と思われるが、これ以後、この試みがどのようにして変圧器に結び付いていくのか、その経過は筆者の調べたところまだ判然としない。

そして、突然ヤーブロチコフ（Павел Николаевич Яблочков（1847-1894）、ロシア）による変圧器を使った配電システムの実用化が1878年に実現した。当時（1870年頃）、電気の用途として大きなものはアーク灯による照明であったが、灯台用を除けば多くのアーク灯は直流を用いていた。しかし、この直流式アーク灯は電極間隔を調整するのが難しく、使いやすいものではなかった。これに対して、ヤーブロチコフは、電極構造を変えて高圧交流を使い、安定的な照明を得る装置と変圧器を組み合わせたシステムを考えた。ここで交流を得るために、グラムがヤーブロチコフのために1877年に製作した交流発電機を用いている。

ここでは、変圧器の二次側を高圧にしてアーク灯につなぎ、低圧の一次側を発電機に接続する方法を用いた。この目的はアーク灯の光度を上げるためで、現代の配電網の変圧器のように、受電側の一次側が高圧、二次側を低圧にしたシステムとは異なる。いずれにしても、変圧器を実用的に使った最初の例で、交流の利用に新しい装置の存在を提示した功績は大きい。ファラデーがこの原理を発見して46年が経っていた。

参考文献

（ 1 ）Michael Faraday：Faraday's Diary, Vol.1, pp.367-368, 2008
　　　http://www.faradaydiary.com/

（ 2 ）Phil. Trans. Roy. Soc., pp.125-162, 1832

（ 3 ）Amer. Jour. Sci., Vol.19, pp.400-408, 1831

（ 4 ）Amer. Jour. Sci., Vol.22, pp.403-415, 1832

（ 5 ）Besso B.：L'Elettricita Le Sue Applicazioni, pp.264-266, 1871

（ 6 ）Schiffer, M.B.：Draw the lightning down, pp.49-50, Univ. California, 2006

（ 7 ）Thomson, J.J.：Elements of the Mathematical theory of electricity and magnetism, Ed.4, pp.89-91, p.121, Cambridge, 1921

（ 8 ）Trans Amer. Phil. Soci., Vol.6, No.122, pp.303-319, 1839

（ 9 ）US Patent, No.76,654, 1868

（10）French Patent, No.112,024, 1876

（11）Thompson S.P.：Polyphase electric currents and alternate-current motors, p.17, E & F.N. Spon, 1895

（12）French Patent, No.115,793, 1876

（13）Fleming, J.A.：Alternate current transformer, Vol.2, pp.30-118, Van Nostrand, 1892

（14）Faraday, M.：Experimental Researches in Electricity, Vol.1, pp.6-16, pp.360-416, 1839

（15）Hughes, T.P.：Networks of power, pp.79-105, Johns Hopkins, 1988

（16）Meyer, H.W.：A History of Electricity and Magnetism, pp.177-189, Burndy Library, 1972

（17）King, W.J.：The Development of Electrical Technology in the 19th Century, Smithsonian Inst., 1962

6. 変圧器の鉄心構造はどのように 決まったのか

　ファラデーが電磁誘導現象を発見した時、その実験装置は円環状のコアに一次巻線と二次巻線がある変圧器構造そのものであった。しかし、交流現象が発見されていなかったため、すぐには変圧器として使われなかった。この現象を最初に使ってカランが開発した誘導装置と呼ばれたものは、棒状鉄心に一次コイルと二次コイルを巻いた火花発生装置で、現代のような変圧器ではなかった。その後、この誘導装置は進化し、様々な装置が作られ、放電現象の研究装置等に使われた。さらに、この開発過程のなかで高速開閉を目的としたスイッチング機構が作られ、スイッチの開閉火花を防ぐためコンデンサを接点間に接続する効果も発見された。

　この誘導装置の用途を交流電圧の変換に使い、現代の変圧器への道を開いたのがヤーブロチコフである。彼は、ロシアのサンクトペテルブルグの軍事技術学校を卒業後、モスクワ・クルスク鉄道の電信局に入り、そこで電気工学の勉強をした。そして退職後に自営業を始めるが、その時、電気分解の実験中に、電極間隔を調整するのが難しかったアーク灯の電極調整のアイデアを思い付いた。

　その装置は垂直に立てた炭素電極の間に絶縁体としてのカオリン石を挟み、高圧交流を印加して、点灯する時にのみその先端に電極を接触させてアークを発生させる構造とした。そして、ここに必要な高電圧交流を得るために変圧器の代替物として誘導装置を使ったのである。

　しかしこの時、一次側電源として交流発電機を使ったわけではなかった。1878 年にドイツで獲得した特許では、一次側電源は直流で、これを電鈴式スイッチとコンデンサを組み合わせた装置によって断続電流を流している(**図 1**)。つまり、誘導装置と同じ原理で二次側電圧を昇圧してアーク灯に給電した。ここで使った誘導装置は鉄線の束を鉄心にしたもので、一次側は直列に接続された。

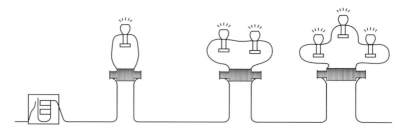

図1　ヤーブロチコフのアーク灯システム

　ヤーブロチコフが、このシステムをこの年のパリ万国博覧会で展示したところ、「ヤーブロチコフのロウソク」と呼ばれ絶賛を浴びた。このアーク灯は従来のものと比較して操作が簡単で、同一価格で点灯時間を2倍にすることができた。これにより彼はロシアの店をたたみ、パリで事業を始めて成功する。この灯具は1880年頃、欧州では2,500個が使われていた。

　ヤーブロチコフのシステムの優れていたところは、アーク灯の改良だけでなく、給電システムにあった。それまでのアーク灯システムでは、1個の電源に対して1個のアーク灯をつなぐか、複数個のアーク灯をつなぐ場合でも、それらは直列に接続する方法がとられていた。このことはアーク灯が並列接続に馴染まなかったことによる。そのため直列接続されたアーク灯が1個でも点灯しなくなると、回路電流は流れなくなり、その影響は接続されたすべてのアーク灯に及び、全体が消灯してしまうことになる。ヤーブロチコフのシステムでは、すべてのアーク灯はそれまでと同様に直列に接続されているが、それらは変圧器の一次側の接続としたため、1個のアーク灯が消灯しても全体に影響を及ぼすことがない。その後、ヤーブロチコフは一次側電源としてグラムが1877年に彼のために作った交流発電機を使ったらしいが、効率面で十分でなかったので、独特の発電機を発明している。

　その頃（1879年）、ヤーブロチコフの成功に触発されたのか、同じようなシステムで多くの人が特許を獲得しているが、これらはいずれも一次側を直列接続していることが共通している。このことはヤーブロチコフのシ

ステムが優れていたとともに、当時の技術世界の中では、断続電流による誘導装置をアーク灯用の昇圧装置として使うことの技術的ポテンシャルを共有していたと考えられる。

　そのなかでアメリカのフラー（Jim Billing Fuller（不明）、アメリカ）の特許(No. 210,317)は、従来の誘導装置の形態を変圧器の形に変えるきっかけを作った新しい観点を提供するものであった。それまでの誘導装置は、プリンストン大学教授のペイジが考え出した直線状の鉄心の両端に一次コイルを巻き、中央部分に二次コイルを巻く方式が踏襲されていた。この形は、変圧器になってもそのまま使われていた。これに対してフラーは、このコイルの配置はそのままにして、鉄心を2個並列に並べ、その両端を鉄片で結んだロの字型の鉄心構造を採用した。つまり、閉じた磁気回路を考え出したことに特徴がある。この考えにより彼の特許は、**図2**に示すように鉄心の中央部に短絡片を設け、これで磁気回路を短絡している。この構造によってアーク灯の照度を制御しようとした。彼は、この特許を申請した時、死の床にあったが、彼が作ったフラー電灯会社は、アメリカで成功を収めている。

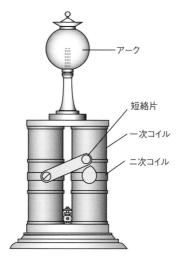

図2　フラーの照明用誘導装置（米国特許 No. 210,317）

　この頃、変圧器を開発していた人の中にゴラール（Lucien Gaulard
(1850-1888)、フランス）がいる。彼は、実業家ギブス（John Dixon Gibbs
(1834-1912)、イギリス）の助けを得て、単心の変圧器を直列に接続し、い
ろいろな種類の負荷に配電する方法を考え、イタリアで実験をしていた。
そして、1883年ロンドンのウエストミンスター水族館の照明用として最
初に実用化した。

　この装置は**図3**に示すように、構成する変圧器は4個の鉄心からなり、
それぞれの鉄心には4分割された二次コイルが一次コイルの上に重ね巻き
されている。まず、この巻線構造が従来の一次コイルと二次コイルを円筒
の軸心に沿って並べていた誘導装置と異なる。しかし、フラーが提案した
ような閉じた磁気回路ではなく、単心の鉄心構造を採用した部分は、従来
の誘導装置に戻ったようにも見える。その結果、効率は良くなかった。た
だ、これには1つの目的があった。

　まず、この変圧器による電力供給システムでは一次側が直列に接続され
ていた。そのため二次側の負荷に変動があると、一次側の端子電圧が変化
する。これを補償するために図に見られるハンドルによって鉄心を引き上
げ、変圧器の出力を制御できるようにした。また、二次側の端子電圧を切
り替えるスイッチ装置も付けられ、変圧器構造は大変複雑なものとなっ

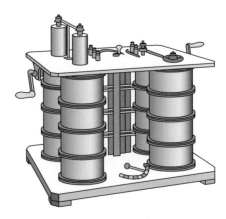

図3　ゴラールの変圧器

ていた。この装置にはジーメンス・ハルスケ社の発電機が接続され、13A
が一次コイルに供給された。

　このような構造にした目的は、イギリスで1882年に制定された電灯法
の影響がある。この頃、すでに白熱電灯は出現していたが、アーク灯も使
われていて、両者が混在している時期でもあった。このような背景の下で、
この法律の十八項では電力の供給者側は電灯のユーザーに対して使用する
電灯に制約を設けてはならないことが定められた。このことは一見ユーザ
ーに有利に見えるが、この法律の裏の意味は、供給者は電圧を任意に決め
ることができることを保障していた。その結果、ユーザーは供給された電
圧に合う電灯しか選択肢がないことにほかならなかった。そのため、ここ
で開発されたゴラールとギブスの変圧器は、どのような電圧に対しても電
灯が対応できることを目的としていた。

　しかし、開発した変圧器は、多くの電灯に給電するには効率が悪く難点
があり、変圧器システムとしてはまだ完成していなかった。一方、このゴ
ラールとギブスのシステム特許は後続者の障害になり、様々な訴訟対象に
なった。なかでも1882年に出願した「光と動力を作り出すための新しい
配電システム」に関する特許はフェランティ（Sebastian Pietro Innocenzo
Adhemar Ziani de Ferranti（1864-1930）、イギリス）の異議申し立てに遭
い、その訴訟は発明行為の本質論にまで発展し、本来この特許が意図した
技術の先進性とは別の次元で論争された結果、1890年に訴訟費用被告負
担で却下される憂き目に遭っている。しかしゴラールは、この判決を聞く
前に、この時の心労が原因で精神を病み、1888年11月26日パリのセント・
アン病院で亡くなっていた。

　ここでの訴訟の当事者フェランティは、イギリスのクーツ・リンゼイ社
の技師長であった。そして、彼がゴラールとギブスの変圧器を改良して配
電事業を始めた時に、前の裁判の対抗手段としてゴラールからクレームが
つけられ裁判沙汰となった。彼は訴訟に対応する一方で、ゴラールのシス
テムを密かに改良し、グロブナーギャラリーの美術品を照明することを手
掛け、そのための中央発電所を設計した。この発電所は急激にシェアを拡

大し、ロンドン近郊で大きな配電網を持つに至っている。

　この訴訟対象となった特許以外に、ゴラールとギブスの特許は欧米の広範な地にわたっている。例えば、1886年の米国特許（No. 351,589）では、高圧送電・低圧配電方式を特許化している。その先駆性については高く評価する向きもあるが、時代を先取りし過ぎたのか、これらの特許が生かされることはなかった。

　これに対して、実用に耐える変圧器で配電システムを開発したのが、ハンガリーのガンツ社にいた ZDB である。ZDB とはジッペルノウスキー（Károly Zipernowsky（1853-1942）、ハンガリー）、デリ（Miksa Déri（1854-1938）、ハンガリー）、ブラティ（Ottó Titusz Bláthy（1860-1939）、ハンガリー）の3人の略称で、彼らは1878年頃から交流電力の研究を始めていたが、1884年のトリノ博覧会で、ブラティがゴラールに変圧器に関する意見を求めたことが変圧器に関わった最初らしい。彼らは、ゴラールとギブスの変圧器を使ってそのシステムの改良を試み、1885年にブダペストで開かれた展示会で、ブラティが作った初期の交流電力計とジッペルノウスキーが作った変圧器を組み合わせた配電システムを展示した。

　ここで使われた変圧器の形態は、鉄線で構成されたドーナツ型のコアに一次巻線と二次巻線を交互に配置したものであった（**図4**）。この構造によ

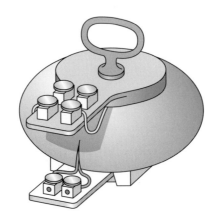

図4　ガンツ社の変圧器

り、閉じた磁気回路を構成したので効率は向上したが、コイルを巻く作業に大変手間の掛かる代物でもあった。一次側を 1,350V、二次側を 75V にして、70Hz で 1,067 個の白熱電灯を点灯させている 。その後の実験では、複数の変圧器を並列に接続して、白熱電灯とアーク灯の混在した負荷にも配電して長距離配電ができることを示した。後にエジソン（Thomas Alva Edison（1847-1931）、アメリカ）との間で降圧変圧器に関して特許紛争に巻き込まれる。

　このガンツ社の情報を聞いたアメリカのウエスティングハウス社は、少壮の技術者スタンレイ（William Stanley, Jr.（1858-1916）、アメリカ）に変圧器の研究を依頼し、交流高圧送電低圧配電システムを完成させた。その時作り上げた変圧器は、E 型の鉄板を交互に組み合わせた日の字型コアの中央部に、一次巻線と二次巻線を重ね巻きする現代的構造の変圧器であった。

参考文献

（1）French Patent, No.112,024, 1876
（2）New York Times, Nov. 10, 1880
（3）Uppenborn, F.：History of the transformer, 1889
（4）Hughes, T.P.：Network of Power, pp.79-105, 1983

第4幕

電動機の乗り物への応用

1．最初の電気機関車開発は苦労の連続だった

　直流電動機は、アンペアが発見した電流と力の関係を使うことを動機として開発された。その出現過程は先に述べたが、一方、磁石が磁性体を吸引することは昔から知られていた。そこにスタージャンが、電磁石を使うと電流の入り切りによって吸引力を制御できることを実証したことから、この現象を使って動力を得ようとする試みは、最初に振り子を駆動力とする形で出現した。その後、この形態は往復運動を駆動動力として使い、当時すでに実用技術であった蒸気機関のピストン機構と結び付けて回転運動に変える試みが行われた結果、この技術は直流電動機技術が完成するまでの橋渡し役を果たしていた。

　その一方で、電磁石の吸引力を直接回転動力に変える試みも行われ、その最初の例がスタージャンの作った**図1**のような装置である。ここでは4隅に電磁石の柱Aがあり、中央軸の周りに回転可能な棒状の永久磁石が上下に取り付けられていて、この上と下の磁石の極性は互いに逆になっている。そこで4隅の対角線上にある電磁石に上下にある永久磁石が近付いてくる時に、その極性とは逆の極性になるように、電磁石を順に励磁すれば

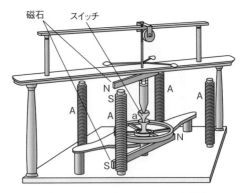

図1　スタージャンのモータ機構

上下とも同時に吸引されるので、永久磁石が回転することができる。その
スイッチ機構が軸の中間にある水銀溜 a で、器の中が 4 個に区分されて
いる。この装置は 1832 年の秋に作られ、1833 年 3 月 21 日にロンドンで、
彼が電磁気について講義した時に展示された。この形式は後にワトキンズ
も作っているが、いずれも軸方向が垂直であったため、応用の広がりはな
かった。

　他方、アメリカではエドモンドソン（T. Edmondson, Jr.（不明）、アメ
リカ）が、1833 年頃に図 2 のような装置を考えた。図の機構は、水車をモ
デルにして作られたとされているが、回転軸に設けられた鉄片 A が電磁石
に近付くまで励磁し、接近する直前に電流を遮断し、慣性によって A が十
分離れた時に再び励磁すれば、次の鉄片 A が吸引されて回転が継続する。
このスイッチ機構が軸に取り付けられた a で、その構造は回転軸の両側に
設けた 2 個の星状の車を使い、その先端が鉄片 A の位置の中間にあるよう
に配置され、これが箱状の水銀溜 b に浸かるようになっている。この装置
は軸が水平であるため、動力装置としては使いやすい形態であったが、電
気接点の位置が 2 個の鉄片 A の位置の中間にあるため、常に逆転する可能
性を持っていることが欠点とされた。報告によれば数時間回転したとして
いる。

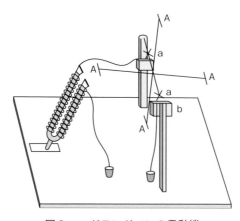

図 2　エドモンドソンの電動機

　その後、この方式を改良したものとしてテイラー（William Taylor（不明）、アメリカ）が、**図3**のような装置を考えた。この装置の動作については図の詳細な部分が明確でないので、記述だけから理解するのは難しいが、その説明によれば、次のようになる。図において、木製のホイールの周辺に7個の鉄片Aが取り付けられていて、その鉄片に近接するようにしてフレームに4個の電磁石aが取り付けられている。スイッチ機構は、軸に付けられた円盤BとワイヤCからなり、円盤Bは象牙からなっていて周辺に7個の金属片がはめ込まれ、ワイヤCとの接触によって電磁石の回路を制御するようになっている。しかし、電磁石との回路が明確でないので、どのように電磁石が働くのか分からず、電磁石の間隔よりも鉄片の間隔が狭いので、シーケンスもはっきりしないが、電磁石を相応の順序で励磁すればホイールが回転することは想像できる。

　ここで左方に突き出たレバーは逆転装置で、これによって電磁石の回路を切り替えて逆転するようにしてあるらしいが、詳細は分からない。エドモンドソンの装置が持っていた逆転の可能性についての弱点は解消されていなかったと言われている。

　これを発明したテイラーはアメリカ人であったが、この特許は1838年

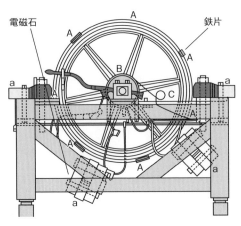

図3　テイラーの電動機

に出願し、1839 年 11 月 2 日にイギリスで認可された。これは当時のアメリカとイギリスの特許法の違いを巧みに突いた出願であったが、エドモンドソンの事例が、アメリカで既知の事例であったため、同国での出願を避けたのかもしれない。いずれにしてもイギリスでは、1839 年にその先取権に関して、新聞、雑誌上で議論が巻き起こり、ダビッドソンが、これより 2 年も前にイギリスで発明していたことを証明したし、鉄片の付いた回転ホイール（これを電機子と名付けた）方式は、アメリカのペイジが、1838 年にテイラーに話をしていたことも明らかになり、ファラデーも書面でクレームをつける事態になった。この結末については分からないが、テイラーの電動機は旋盤の動力源として使われたらしい。

次に、前述したダビッドソンであるが、彼は電気を動力源として人を乗せて走った電気機関車開発者の最初の例とされている。本来、化学が専門で電池の研究をしていた。そして 1835 年頃、100 種類以上の電気鉄道模型を作っていたらしい。そして、電動機への給電方式として 1840 年にレールを導体とする英国特許を取った。ちなみに同様の特許は、アメリカでもコルトン（Gardner Quinsy Colton（1814-1898）、アメリカ）らが 1847 年に取っている。

彼が作った電動機（**図 4**）は、1 軸に U 型電磁石 A を 4 個、これを 2 個ずつ車輪の両脇に並列に寝かせた状態で、車軸に対向して配置した構造になっている。その磁石の大きさは脚の長さ 25inch（635mm）、断面 8 × 4 inch（203.2×101.6mm）、脚の幅 5 inch（127mm）で、かなり大きなものであった。さらに軸に取り付けられたドラム上には、軸方向に長い鉄片 B が 3 個均等に円周上に張り付けてある。さらに軸上に設けたスイッチ機構 C により回転に伴って励磁タイミングを切り替え、鉄片を吸引してホイールを動かす仕組みになっている。しかし、この機構でも死点が発生するので、その位置では人力で動かすとしている。エドモンドソンの機構の弱点は解消されていなかった。

この電動機は鋸盤にも使われたが、ダビッドソンはこれを 4 輪 2 軸の機関車に載せることを考え、それぞれの軸に装着して駆動源とし、この機関

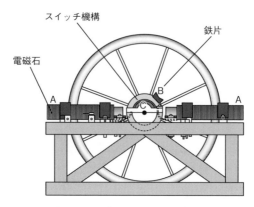

図4　ダビッドソンの電動機

車をガルバニ号と名付けた。電源は50cellの鉄／亜鉛電池で機関車の前後に搭載した。この機関車と付随車を含めた大きさは重量7t、長さ16ft（約4.9m）、幅5ft（約1.5m）で、既存の鉄道路線エディンバラ・グラスゴー線を走行させることにして、その披露のため1842年にロンドンのピカデリーにあったエジプトホールで展示会を開いた。**図5**は、その時の宣伝ポスターである。

　図5の機関車のイラストは、図4の電動機の搭載イメージとは異なっているが、1842年9月に行った実走行では6t（全重量のことかもしれない）を積載して1.5mile（約2.4km）を4mph（約6.4km/h）の速度で走行した。出力は1HP程度であった。蒸気機関車の能力には及ばなかったが、電車の元祖とされている。しかし、復路も走行しようとしたが、この機関車がすでに使われていた蒸気機関車に取って代わられることを怖れた悪意を持つ人によって破壊された。その結果、このデモによって資金を稼ぎ会社を作ろうと考えていた彼の目論見は失敗した。

　一方、アメリカでは早くからペイジが電磁石に興味を持ち、高電圧発生装置にも関わっていたが、電磁力による往復運動をクランクにより、回転運動に変える電動機をいくつか開発していた。この方式は彼以外にも多くの人が開発していたが、ストロークを大きく取れないために大出力を出す

図5　ダビッドソンの機関車展示会広告

　ことが難しかった。これに対して彼は、**図6**に示すように蒸気機関のシリンダーを模倣して、水平にした2個のソレノイドを駆動源とする往復機関を考えた。
　左右のソレノイドA、A′は、フライホイールの軸に取り付けた**図7**に示す整流子状のスイッチ機構で切り替えられ、電磁石の吸引力は図6のリンクBの往復運動に変換される。この動きはクランクによって回転運動に変わる。また、軸に取り付けられたスイッチ機構は入力刷子1が金属円筒4に接し、これと円筒を半割にした切片を持つ2個の金属片5、5′の片方にだけ接続片6によって電気的に接続されている。そして、この半割切片に2個の出力側刷子2、3が接触していて、これらの刷子がそれぞれ左右のソレノイドに接続しているので、フライホイールの回転に伴って、左

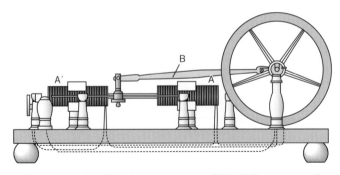

図6　ペイジの電磁ピストンモータ　（米国特許 No.10,480）

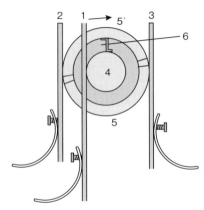

図7　ソレノイド 切り替えスイッチ

右のソレノイドが切り替わることになる。ペイジは、これを機関車の動力源にすることを考えた。

　当時（19 世紀初頭）のアメリカでは、東岸の発展のため、1827 年 2 月 12 日にボルチモアとオハイオ川を結ぶ 38mile（約 612km）のボルチモア・アンド・オハイオ鉄道の建設を決定した。その関連で 1849 年に上院はワシントン－ボルチモア間にペイジの電気機関車を走らせるために 2 万ドルの開発予算を付けた。これはアメリカ最初の国家プロジェクトと言われている。ペイジがこのような政府のプロジェクトに食い込むことができたのは、

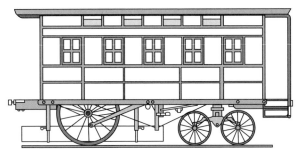

図8　ペイジの電気機関車

彼自身がプリンストン大学の教授である一方で、大学卒業以来特許庁の審査官であったことと関連があるかもしれない。

　ともあれ完成した電気機関車（**図8**）は、1851年4月29日ワシントン–ボルチモア路線を使ってワシントンを出発した。車両は車体長さ15ft（約4.6m）、車体幅6ft（約1.8m）、出力は6HP相当あったものと思われる。電池は11inch（約0.3m）四方の白金電極を持つ100cellのグローブ電池を用いた。

　総重量推定10tの機関車は起動してすぐに急な上り勾配があったが簡単に乗り越えたものの、電池は次々と破損を始めた。しかし、その後の平坦路では加速を始め、ついに19mph（約30.6km/h）の速度に達した。そして、ワシントンから北北東5.25mile（約8.4km）のブレードンズバーグで線路のトラブルがあったため、しばらく休んだ後、引き返そうとしたものの、電池の半分が壊れたためここで走行実験は中止となった。

　その後、改めてボルチモア・アンド・オハイオ鉄道で走行を試みて、やはり電池事故で失敗したと言われるが、詳細は不明である。その結果、ペイジはペテン師とまで言われたため、固定電源からレール給電する方式で再実験する目論見は、その資金を集めることができず、この計画は頓挫した。

　この固定電源からレール給電で機関車を駆動する計画は、ジーメンス・Wが直流電動機を使って1867年に実現させた。そのためジーメンス・W

が電気鉄道の最初の例とされることが多い。しかし、電池駆動ではあった
が、電気機関車が鉄道路線を走った例は、前述のようにジーメンス・Wが
最初ではなかった。

参考文献

（1）Sturgeon's Annals of Electricity, Vol.1, plateII, fig.17, 1837

（2）Annals Electricity Magnetism and Chemistry, Vol.1, pp.75-78, 1836

（3）Watkins, P. : Edinburg Philosophical Magazine, Vol.12, pp.190-196, 1838

（4）American Journal of Science, Vol.26, p.295, 1834

（5）King, W.J. : The development of electrical technology in the 19th Century, pp.262-264, 1962

（6）Mechanics Magazine, No.874, pp.694-696, May 1840

（7）Du Moncel, Th., Geraldy, F. : Electricity as a motive power, E. & F.N. Spon, pp.49-58, 1883

（8）The Penny Mechanic Sep. 23, p.297, 1843

（9）US Patent, No.10,480, 1854

（10）Cunningham J.J. : IEEE power & energy magazine, p.62, Jan./Feb. 2010

（11）The Electrical World, Vol.16. No.16, Oct. 18, pp.276-277, 1890

（12）American Polytechnic Journal, pp.5-12, May 1853

（13）American Polytechnic Journal, pp.257-264, Nov. 1854

（14）Burch, E.F. : Electric Traction　McGraw-Hill, pp.1-5, 1911

（15）Martin, T.C., Wetzler J. : The electric motor and its application, pp.19-21, 1886

2. 電車の集電方法にはいろいろな方法が試された

　電力によって機械的な動力が得られることが分かってきた 1830 年頃には、すでに蒸気鉄道は営業を始め、鉄道は急速に普及し始めていた。その流れの中で、ダビッドソンやペイジなどが営業線を用いて電池による電気機関車の実験を試みたが、その時より前に、イギリスのクラークやアメリカのファーマーが電池搭載の模型を使って走行実験を行っていた。しかし、いずれも限られた充電量と重量増による電池の限界を超えることはできなかった。

　これに対して笑気ガスの研究で知られるアメリカのコルトンは、電池の持つ限界を乗り越える試みとして、レールを給電線（電車線）とするアイデアを実現しようとした。そのための鉄道模型をモデルメーカーのリリー社に作らせ、共同の名義で 1847 年に米国特許を取っている。

　この時作った車体は、長さ 14inch（約 35.6cm）、幅 5 inch（12.7cm）で、電動機は 2 個の電磁石が縦に立っている構造をしている。運動の詳細は不明なところがあるが、上下方向の往復運動をクランクで回転運動に変える方式であった。この模型車両は、人形を載せた車両 4 両を牽引するもので、その走行路は木の板の上に鉄製の薄い板を敷いてレールとし、直径 8 ft（約 2.4m）の周回軌道であった。この走行実験は、1847 年にピッツバーグで行われた。ここでは、レールを電気回路の一部として使ったのが特徴で、エネルギー源を搭載しなくても走れる車両が出現したことが驚かれた。このレールによる給電のアイデアは、1840 年にピンクス（Henry Pinkus（不明）、アメリカ）が特許を取っていたものの、当時は強力な電源がなかったため、彼の場合は実験するまでには至らなかった。

　その後、ペイジの弟子であったホール（Thomas S. Hall（1827-1880）、アメリカ）が、1851 年にボストンで開かれたマサチューセッツ慈善機械博覧会で、長さ 50ft（約 15.2m）、幅 5 inch（12.7cm）の直線レールで給電し、

ブラッシで集電する方式を用いた模型を走らせた。ここでは、電動機の回転運動は、ウォームギヤで車輪に伝える方式であった。ボルタ号と名付けたこの電車は、意味は不明だが、時間の驚異と呼ばれたらしい。そして、終点にレバースイッチを設け、その切り替えで模型を往復させ、電池を車両に載せなくてもレール給電方式が成立することを示した。この時の電源である電池は、レールから200ft（約61m）離れたところにあるビルの2階に置かれていた。

　さらに、彼は1860年にボストンのクインシーホールで発電機から給電する方式により円形軌道で電車を動かしている。この時の形態は蒸気機関車の形をしていたが、擬似ボイラーの中にモータが隠されていた。彼の模型実験が今日の電車の給電システムのヒントを示したと言われている。

　これらの例は、電池を搭載せずに電車を走らせるためのコンセプトを提示するものであったが、それをさらに具体的に示したのがジーメンス・Wで、1867年に電気鉄道の実験をベルリンで始めた。しかし、電動機の温度上昇が激しく、乗客を運ぶ能力がないことが分かり、この時は失敗した。次いで、1879年5月31日〜9月30日にベルリンの工業博覧会で500mの線路を作り、ここに6人乗りのトロッコ3台を図1に示す機関車で牽引し、速度約8mph（約12.9km/h）で走行する実演を行った。ダビッドソンやペイジの先例はあるが、一般的には、これが人を乗せて走行した電車の最初の例とされている。この時の給電方法は線路の中央に溝を設け、その中に直流180Vを印加した導体を敷設する第三軌条式で、レールと第三軌条は木材で絶縁されていた。

　この第三軌条方式は、1855年1月9日付けでボネリ（Chevalier Bonelli（不明）、フランス）がフランスの特許を取っている。しかし、この第三軌条を地面下に設ける場合は、ゴミや雪などの影響を受けやすく、地表面に敷設する場合は感電の危険を配慮する必要があるなどの難点があった。その後、これらの欠点は改良され、今日では日本の地下鉄でも見られるが、軌条は線路の脇に置かれている。この方式は、1908年に近代電気鉄道の生みの親と言われているスプレーグ（Frank Julian Sprague（1857-1934）、

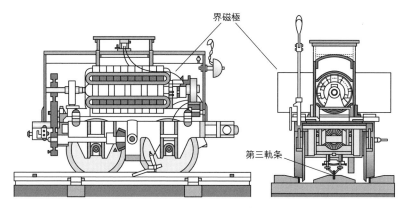

界磁極

第三軌条

図1　ジーメンス・Wの機関車

アメリカ）が米国特許（No. 980,180）を取っている。

　一方、コルトンなどが模型で試みた、レールを給電線とする方式は、エジソンがメンローパークで1880年の春に実験した時に採用された。この時は、0.8mile（約1.3km）の直線コースの軌道でバラックセットの機関車を使っている。また、ジーメンス・Wがベルリンの工業博覧会で電気機関車のデモ運転を行った後、1881年5月12日にベルリン近郊のリヒタフェルデとカデット大学間2.45kmに電車の営業運転を始めた時にレール給電方式を使った。この時は図2に示す20人を乗せられる電車で、3か月間で12,000人を運んだとされている。これが電車による営業運転の最初の例で、ジーメンス・Wを電気鉄道の始祖とする根拠は、博覧会でのデモンストレーションよりも、ここに求めるべきである。

　この電車の仕様は車体長5m、車体幅2m、4.5tで最高速度40km/hであった。電動機は直流180V、4kWで車輪の駆動はベルト掛けで行っている。電源は5HPの蒸気機関で駆動する2台のジーメンス製発電機が使われた。しかし、レール給電方式は車輪を絶縁しなければならず、構造的な弱点を持っていた。また、感電の危険もあったし、交差点の構造が複雑になるなどの欠点を持っていた。そのためこの給電方式は長続きせず、しばらくして、一方の電極をレールとする単線架空線方式に切り替えたとさ

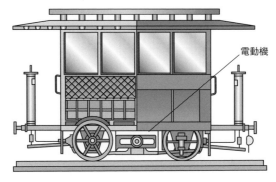

図2　ジーメンス・ハルスケ社のリヒタフェルデーカデット大学間の路面電車

れている。

　架線方式は、模型レベルでは1875年にグリーン（George F. Green（不明）、アメリカ）が試みていたが、アイデアそのものはイタリアのトリノで砲台の副官をしていたベッソロ（Major Alexander Bessolo（不明）、イタリア）が、1855年にフランスとオーストリアの特許を取っている。また、1882年にアメリカのフィンニィ（Joseph R. Finney（不明）、アメリカ）が架線による給電方式を持つ電車を考え、1886年にその米国特許（No. 346,990）を取った。

　ジーメンス・Wはベルリンでの展示が成功裏に終わったので、1881年に開かれたパリの国際電気博覧会でも電車を展示した。この時の電車は架線から集電して、会期中84,000人を運んだと伝えられている。この架線方式はレールの上方20ft（約6.1m）に1本の電線を張り、この電線の上をローラーが転がって集電し、レールを通じて発電機に電流を返す方式で、ローラーと車体の間は柔軟性のあるコードでつながれていた。

　さらに1882年4月から6月の間、ベルリンでDC500V、2.2kWの2台の電動機で駆動する最初のトロリーバスを走らせた。その集電方法は、架線の上面に架線の長手方向に連なった2個のローラーを並べた装置（これをトロリーと呼んだ）からなり、この集電装置と車体との間をワイヤーでつなぎ、車両の移動とともに引っ張られ、架線上を移動するようになって

いた。つまり、集電部分を綱で引っ張る方式がトロール漁法に似ていることから付けられた名前である。

ジーメンス・W は、この方式を先に開通させたレールから給電する路面電車に取り付けた可能性がある。この方式を採用した電車はいくつか走っていたらしいが、**図3**の切手は、ウイーンで 1883 年 10 月に開通した電車で、集電子ローラーが単線の架線の上を走っているのが分かる。その後にヴァン・デポエーレ（Charles Joseph Van Depoele（1846-1892）、ベルギー）が、1884 年末にトロントの博覧会で集電装置の試作品を展示した。さらに翌年それを改良し、架空電線を屋根の中央に設けたローラーで下から押し上げる集電方式を発明、**図4**に示す米国特許（No. 334,062）を 1886 年に取った。しかし、この方法は集電部分が屋根に固定しているため、綱で引っ張るより取り扱いは楽になったが、未完成の域を出なかった。

その後、架線集電方式はヴァン・デポエーレと共にスプレーグもいろいろと工夫を凝らし、この方式は 1888 年頃にさらに改良された。ここでは、溝付きローラーをポールの先に取り付けたトロリーポール式の米国特許（No. 502,243）をヴァン・デポエーレが 1893 年に取ったことで、1 つの架線式集電方法が確立した。この時、ヴァン・デポエーレはすでに亡くなっていた。その完成されたトロリーポールはレトロな車両で、今日でも見ることができる。ジーメンス・ハルスケ社もまたトロリーポールを考えたが、

図3　トロリー集電方法の切手

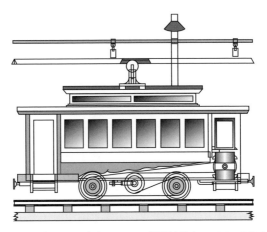

図4　ヴァン・デポエーレの米国特許（No. 334,062）

ヴァン・デポエーレの特許を根拠に拒絶された。

　この頃、すでに使われていたトロリーポール方式が架線との間をローラーで転がり接触をする方式であった。これに対して、ジーメンス・ハルスケ社のライヘル（Emil Berthold Walter Reichel（1867-1937）、ドイツ）は摩擦接触で集電する摺動方式を考え、1893年にイタリアの特許（No. 35,389/285）を獲得している。この方式は、Bow型（ビューゲル式）と呼ばれる集電装置で、国内でも以前は路面電車で見ることができた。これをジーメンス・ハルスケ社が製品化し、ドイツのリヒタフェルデの電車に取り付けた（1890年）。また、アメリカでは、1896年にウォーカー社がこれを作っている。

　この摺動による集電装置はその後、パンタグラフ方式に導入される。菱形のパンタグラフの原型は蒸気鉄道を電化したアメリカのボルチモア・アンド・オハイオ鉄道が1895年頃、**図5**に示す方式をゼネラル・エレクトリック社製の軸出力1,440HPの電気機関車に搭載したのが最初である。このパンタグラフ方式は平板状の形式で、集電部分の詳細は不明であるが、摺動方式で剛体架線を逆U字型断面の部品でつかむ方式であった。これを今日見られるような立体型のものにしたのはキーシステムショップにいた

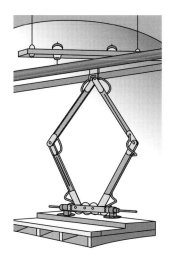

図5　ボルチモア・アンド・オハイオ鉄道のパンタグラフ

　ブラウン（John Q. Brown（不明））で、サンフランシスコの郊外電車に使った（1903 年）。しかし、この集電部分は架線と直交するローラーを用いていたため、摺動方式ではなかった。その後、この部分は摺動方式に替わって現在に至り、近年では菱形から Z 型が主流になっている。

参考文献

（1）King, W.J. : The development of electrical technology of the 19th century, p.268, p.270, 1962
（2）Martin. T.C. : The Electrical Engineers, pp.49-51, July 19, 1893
（3）US Bureau of Census, Street and Electric Railways, Special Reports 1902, p.161, p.165, 1905
（4）Martin, T.C., Wetzler, J. : The electric motor and its applications, p.20, 1887
（5）Hering, C. : Recent progress in electric railways, pp.13-17, pp.167-188, 1892
（6）Boston Evening Transcript, p.16, Feb.14, 1891
（7）Harding, C.F. : Electric Railway Engineering, p.4, 1916
（8）Reeves, H. Hiran : A study of the economics of the electric railway and of its history and social signifiance, pp.3-4, 1910
（9）Street Railway Journal, Vol.10, No.2, p.114, 1894
（10）Street Railway Journal, Vol.12, No.8, p.491, 1896

(11) Scientific American, pp.81-87, Aug. 10, 1895

(12) Wallis P.R. : Illustrated Encyclopedia of World Railway Locomotives, p.144, 2001

(13) Frey S. : Railway electrification system & engineering, p.60, 2012

(14) Martin, T.C. : The Electric Motor, pp.48-98, pp.143-148, 1887

(15) Crosby, O.T., Bell, L. : The Electric Railway, pp.253-271, 1893

(16) Du Moncel, Th, et al. : Electricity as a motive power, pp.210-233, 1883

3. 電気自動車が発明されるまでの道のり

　電動機を使って最初に人を運んだとされるヤコビは、ドイツのポツダムで生まれ、ゲッティンゲン大学を出たが、1834年にバルト海に面したケーニヒスベルク(現・ロシア領カリーニングラード)に移った。以後、ロシアで活躍する。ここでは科学アドバイザーの役割を期待されていたようである。ここで電磁気学の勉強をして**図1**の電動機を作った。

　このモータは、回転子、固定子の両方がそれぞれ4個のU型電磁石で構成され、回転軸と平行に互いに対向して取り付けられている。回転子には円周上に金属板が張られて、それにレバー接点と接触する4個のスイッチ機構が付いており、回転角に対応して電流を断続させる。また、このレバーの他端は水銀溜に浸かっていて、水銀溜と電池が接続されているので、回転角に応じて回転子の磁石の極性が入れ替わり、固定側の磁石との間に吸引力が作用して回転を継続する。

　このモータの出力は速度1 ft/s（約0.3m/s）で、10 〜 12lb（約4.5 〜 5.4kg）を持ち上げる能力があった。つまり出力は約15W程度あったもの

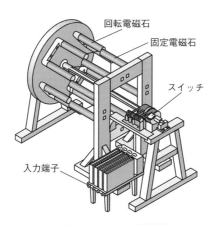

図1　ヤコビの電動機

と考えられる。彼はこの成果を論文にして、1834年11月にフランス科学アカデミーに送り、1835年春に「a detailed scientific memoir」として発表した。この機械の復元モデルは、ロストック大学のコワレスキ（Kowaleski（不明））が1992年に2台製作している。

　ヤコビは、この論文によってケーニヒスベルク大学から学位を得た。それとともにこの成果がロシア皇帝ニコライ1世の目に留まり、サンクトペテルブルグ大学教授へ招聘される。そして、皇帝から6万フラン相当の資金援助を得て、このモータをボートに載せる計画の実行を始めた。しかし、先に作ったモータでは出力が不足していたので、1号機（図1）をつなぎ合わせた構造（**図2**）にして出力増大を試みた。

　図に示すように、固定子および回転子とも電磁石にしていることは1号機と同じであるが、磁石を支持している垂直板は3枚あり、その中間にある板が回転子で、その板の両側に棒磁石が軸方向に突き出ている。外側の2枚の板にはU磁石が12個、両側で計24個付いている。ここで回転子に水銀溜によるスイッチ機構が付いているのは1号機と同じである。

　このモータを1834年9月に外輪駆動のボートに登載した。ボートの大きさは全長28ft（約8.5m）、幅7ft（約2.1m）でかなり大きい。この時の電源は、グローブ電池64個で専有面積は16ft^2（約1.5m^2）を必要とした。

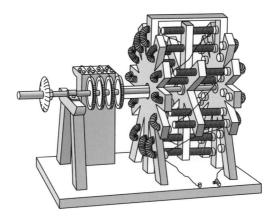

図2　ボートに搭載したヤコビの電動機

そして、サンクトペテルブルグ市内を流れるネバ川で走行試験をしたが、その結果は思わしいものではなく失敗した。

そのため、1839 年に再実験を試みたが、この実験結果は諸説あり、決定的なデータはない。一説によると、電池の容量不足を解消するために電池を 128 個にしたので、専有面積は 38 ft² (約 3.5m²) を必要としたが、運転を始めると電池から強烈なガスが吹き出し、白金線とピアノ線を使ったリード線は発熱し、しばしば実験を中止しなければならず、見物人が逃げ出す場面もあったらしい。

走行速度や距離も様々な説があり、7.5km の間を 1.5mph (約 2.4km/h)で走ったとする説や、3 mph (約 4.8km/h)で走行したという説もあり、はっきりしないが、モータの出力は 300W 程度あったらしい。また、12 ～ 14 人程度の乗客を乗せていたと言われている。いずれにしても乗客を乗せてネバ川を航行したのは事実らしく、モータの動力を使って人を運んだ実績は認められていて、電力による人の搬送実験の最初の例として記録されている。

その後、電動ボートの実験は 1856 年にイギリスのハント (Robert Hunt (1807-1887)、イギリス) とデリング (G. E. Dering (不明)、イギリス) が、また 1866 年にフランスのムーラン (Count de Moulines (不明)、フランス) が試みたらしいが、いずれも成功した例はなかった。

ヤコビの実験から 48 年後の 1881 年に、フランスの市井の発明家でもあったトルーヴェ (Gustave Trouvé (1839-1902)、フランス) が、再び同じように電動ボートに挑戦した。この間に電動機の技術は格段に上昇し、1879 年にはジーメンス・W が電気機関車で 6 人乗りのトロッコ 3 台を牽引していた。このことからも分かるように、この時期には電動機は十分動力源として役に立つレベルには達していた。また、小型の電動機も扇風機、ミシンや小型鋸盤などの動力源として使われるようになっていた。ただ、その電源は直流であり、交流を電源とする電動機はまだ出現していない。

ヤコビ以後の電動機は、大容量のものでは円環状電機子が主体の時代がしばらく続くが、小型のものではジーメンス・W が開発したジーメンス

ボビン形式の２極電機子が使われていた。元来ジーメンス・Ｗがこの電機子を開発した時は発電機用であったが、その後、発電機と電動機の間に互換性があることが明らかになったことから、発電機構造がそのまま電動機に持ち込まれていた。ただ、２極構造の電機子は脈動と思案点の存在という欠点があり、それらの問題点は未解決のまま使われていた。その中でトルーヴェが最初に作ったものは、ドプレが開発した方式をそのまま使った装置で、その後、それを改良して**図３**の装置を作った。

　トルーヴェの作った１号機では２極電機子が１個であったものを、図３の装置では２個並列に配置し、Ｕ型界磁極も同様に２個隣り合わせに配置している。つまり２台の電動機が並設しているような状態になっていて、２個の電機子軸の出力は歯車を介して１つの出力としている。ここで特徴的なのは、この２個の電機子の配置角をずらし、さらに本来軸線と平行であるべき電機子の磁極を少しひねった構造になっている。このことにより２極電機子の難点を解消することを狙っていた。

　この電動機を使って彼は、３枚羽根のスクリューを持つ船外機を作り、ボートの船尾に取り付けた。ボートの大きさは長さ5.5m、幅1.2mで３人が乗り、1881年５月26日にセーヌ川を上下した。その時の記録では、

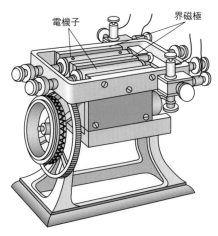

電機子　　　　　　　　界磁極

図３　トルーヴェの電動機

遡上する時は 1.5m/s、下る時は 2.5m/s 出すことができたとされている。この時に搭載した電池は、6 cell からなるアルカリ電池で極板を上下させて速度制御した。このニュースは、1881 年 6 月 23 日の週刊誌『La Science populaire』に掲載され一躍有名になったらしい。その後、このエンジンのアイデアは着脱可能な船外機として、特許の申請文が何回か修正された後、フランスの特許 No. 136,560 として認可された。そのほか、電動ボートはレッケンザウン（Anthony Reckenzaun（1850-1893）、イギリス）によって1882 年にイギリスでも作られ、テムズ川で走行した。

　このボートの実験の前に、当時それほど注目されることはなかったトルーヴェの業績として、三輪車に電動機を載せた実験がある。この三輪車とは自転車の変形であるが、元来自転車の原型は 19 世紀初めに作られ、その後、趣味の乗りものとして 1870 年頃には前輪が大きく車高の高い危険なものとなっていた。しかし、1880 年頃にはそれらが改良され、安全な乗りものとなりつつあった。その 1 つとして、イギリスでミシンを作っていたスターレー（James Starley（1830-1881）、イギリス）が側車付きの三輪車を考案し、サルボ三輪車（Salvo Tricycle）と名付けて王室に献上して有名になった。

　トルーヴェは、この車に彼の開発した電動機を載せて、パリのバロア通りの直線路で友人に試乗してもらい、その実験報告を 1881 年 4 月 16 日発行の雑誌『La Nature』に掲載した。それによると、スイッチを入れると、あたかも馬車のように快適に加速し、12km/h の速度を出すことができたので、1 時間半ほど実験を行ったとしている。車両重量は友人の体重を含めて約 160kg、出力 7 kg-m、電池は 6 cell のものを使った。この結果に満足したので、さらに電動機の出力を大きくしたものを使った結果、20 〜 30km/h の速度になったとしている。

　この実験が当事者であるトルーヴェと運転者である友人しか知り得ないことであれば、トルーヴェの寄稿だけでは信憑性が担保できない。しかし、これにはモァグノ神父（Abbe Moigno（不明））が、この実験の目撃記事を掲載した。この目撃者の正体は分からないが、その証言によれば、三輪車

の小さな2個の車輪は、こぶし大の2個の電動機によるチェーンで駆動していたとされている。こぶし大の電動機には多少の誇張があると思われるが、モァグノ神父はその場で見ていたのではなく、ホーランドホテルの窓から見ていたとしている。

　その後、この出来事は**図4**のようなイラストで示されたが、以上の経過よりこの図はトルーヴェの実験を目撃して描いたものではないことは明らかである。しかし、トルーヴェによる走行実験記録としては唯一のもので、これは実際に行われたものであった。

　我が国では、1970年に東京都杉並区で光化学スモッグが発生し、女子高生が病院に担ぎ込まれた事件があった。これを契機として、環境問題対策として電気自動車の開発が国家プロジェクトとして始まり、その後、石油危機が発生し、プロジェクトの目的が環境対策からエネルギー対策へと変質した。その後、石油需給が緩むと電気自動車開発の意欲は中だるみしたが、潜在的な脱石油需要からハイブリッドカーが市販されると、再び電気自動車の開発が始まり、今に至るという経緯がある。

　筆者は、1970年から電気自動車に関わり、今日までその成長の歴史を見てきた。その中で、絶えず電気自動車のルーツはどこにあるかの議論が

図4　トルーヴェの電動三輪車

続いている。そこでは最初に電気自動車を作ったのは、スコットランド人のロバート・アンダーソン（Robert Anderson（不明））で、1832年から1839年のことであるとされる。この説は広く流布されているが、その具体的内容は何もない。この時期の電池はボルタ電池しかなく、人を乗せるだけの能力から考えても模型の域を出なかったと思われる。

　別の例は、1842年にアンドリュー・ダビッドソン（Andrew Davidson（不明））が電気自動車を最初に作ったとする説である。この例は、『Edinburgh Evening Journal』（Jun. 17, 1842）に掲載され、ライト（Light）と名付けた木製の四輪車に電池を搭載したとされる。この時の駆動源は4個の電磁石であったらしい。この動力装置の詳細は不明であるが、この時代には回転運動を出力とする電動機は未完成であった。また当時は、四輪の操舵装置は不完全なものであったので、人が乗って運転できたかどうか疑わしい。この原文献を見ていない筆者からすると疑問はあるものの、その可能性を判断できる材料を持ち合わせていない。なお、この文献を紹介していたURLは、現在はアクセスできない。

　ここで紛らわしいのは、同姓のスコットランド人のロバート・ダビッドソンの存在で、前述のように彼は1842年に電気機関車を作り実際に走らせた。この2人のダビッドソンと、2人のロバートがしばしば混同されている。現在、最も確実な電気自動車の最初の実施例は三輪車であったが、前述のフランス人、トルーヴェの例である。

参考文献
（1）King, W.J.：The development of electrical technology in the 19th century, p.263, 1962
（2）Du Moncel, Th., et al.：Electricity as a motive power, p.44-47, p.52, 1883
（3）Prescott, G.B.：Dynamo-Electricity, p.694, 1884
（4）Martin, T.C.：Electrical Boats and Navigation, p.2, 1894
（5）Cattelin J.：Mémoires de l'Académie des Sciences, Arts et Belles-Lettres de Touraine, tome 25, pp.67-92, 2012
（6）The Illustrated London News, p.460, Oct. 29, 1882
（7）Desmond K.：Gustave Trouve, McFarland & Company, Inc., p.50, 1950

（8）Alexis Clerc：Physique et chimie populaires（Physique），p.370, 1881–1883
（9）Scientific Memoirs, Vol.1, pp.503–531, 1837

第 5 幕

遠くまで電気を送り届ける

1. 情報伝達手段として電気が 使われるまで

　英語の Television（テレビ）、Telephone（電話）などで使われる接頭語としての「tele」には電気の意味はなく、コンサイス・オックスフォード辞典によれば、ギリシャ語の「遠方」を意味する語を語源としている。したがって、遠くの画像（vision）を観る装置がテレビであり、遠くの音（phone）を聴く装置が電話である。そして、日本語で「電信」と訳された Telegraph のもとも「遠くの符号」の意味であった。争いの場での狼煙は古くから知られているが、この方法は細かな情報を伝えることはできない。より多くの情報を短時間で連絡するニーズは現代に至っても衰えることはない。フランスに革命の嵐が吹き荒れていた頃、1792 年にシャップ兄弟（兄：イニヤス（Ignace Chappe（1760-1829）、フランス）、弟：クロード（Claude Chappe（1763-1805）、フランス））が考えた情報伝達手段がテレグラフ（Telegraph）の最初とされる。

　この兄弟の弟、クロードは親と同じように牧師になりたかったが、フランス革命がそれを許さなかった。革命の嵐の中で軍事技術に興味を持ち、情報伝達手段として彼が考えたシステムは、後に腕木式とも呼ばれるものであった。ここでは、図1に示すようにポールの先端に揺動する 1 本の腕木ＡＢを取り付け、その両端にさらに上下に振れる腕木Ｃ、Ｄを付けて、これら腕木全体の 49 通りの形状にアルファベットと数字の意味を持たせる。そして、このポールを 10 ～ 20mile（約 16.1 ～ 32.2km）ごとに置き、腕木表示を望遠鏡で観測してリレー式に伝達する手段を提案した。

　シャップ兄弟が考案した図の通信手段は、1792 年にパリと北フランスのリールの間約 220km に開設され、1794 年 8 月に発生した北フランスの戦略的に重要な町、コンデシュルレスコーへのネザーランド（1713 ～ 1795 年の間、現在のベルギーとルクセンブルグに跨がる地域にあったオーストリア領）の侵入を 1 時間足らずでパリに通報することができた。このこと

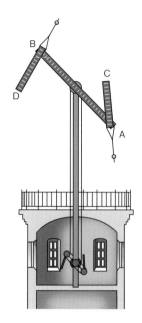

図1　シャップのテレグラフ

が、この手段の有効性を実証することになり、その後、数年の間にフランス全土にこのネットワークは拡大され、ナポレオン軍の戦略に大変な貢献をしている。その後、1810年にこのシステムはオランダのアムステルダムまで延ばされ、さらにこの方式はイギリスにも伝わった。

　しかし、この方式はシステムを維持するために熟練した人材が必要であったことから高額の費用が必要だった。そのため電気による通信手段が勃興した時、1852年にこのシステムは廃止されたが、クロードは自分の技術の衰退を見る前の1805年に眼病とそれに伴う医療事故のせいで自殺している。

　クロードはこのシステムを、ギリシャ語で信号伝達を意味するSemaphore と呼んだが、フランス語で Telegraphie とも呼んだ。しかし最初は、Tachygraphie（迅速な画像）にしようと思っていたらしい。電信を英語で Telegraph と呼んでいる根拠はここにある。

　シャップのテレグラフに替わって現れた電気による通信手段は、この時突然現れたものではない。電気が遠くまで届くことは早くから知られていたが、静電気の到達距離の測定は、1728年にグレイ（Stephen Gray（1666-1736）、イギリス）が886ft（約270m）離れたところに届くことを確認したのが最初である。その後、英国王立協会フェローのワトソンが1748年8月5日にシューターズヒルで12,276ft（約3,742m）の電線を張って実験した結果として、その速さは瞬間であるということを発見した。これらの知見により電気が遠くまで届き、その速度が驚くほど速いことは18世紀後半には広く知られていた。この時の電気はエネルギーとしての電気よりも、情報としての性格が強かった。そのため電気を情報伝達手段として使えないか、という発想が出てくるのも当然の成り行きで、その最初の例は1753年にC.M.のイニシアルで発表されたイギリスの論文とされている。

　この論文の筆者は、次のような実験装置について述べている。まず20yd（約18.3m）の間に針金24本をガラスまたはセメントで絶縁して中空に張り、それぞれの端にガラスボールをぶら下げる。そして、その下にアルファベットを書いた紙の細片を置き、送信側の針金には受信側にあるアルファベットに対応する針金に目印を付けておく。この状態で、「sir」の文字を送りたい時には、まず送信側の s の針金に帯電したガラス棒を接触させると、受信側の s の紙がガラスボールに吸着する。同様にして「i」、「r」の信号を送ることができる。

　このアイデアは、電気を使った通信手段の最初の例として知られている。そのため投稿者である C.M. の人物の詮索が様々なところで行われた。その中で1855年に発表された論文では、イギリスのレンフルーにいたチャールズ・マーシャル（Charles Marshall）か、あるいはグラスゴーのチャールズ・モリソン（Charles Morrison）でないかとされているが、真偽ははっきりせず、結局、確定することはできないで終わっている。

　しかし、C.M. のアイデアを受け継ぎ、実際に装置を作って実験した者が出てきた。例えば、ル・サージュ（Georges-Louis Le Sage（1724-1803）、フランス）は、1782年に2つの部屋の間で C.M. のアイデアを使って実験

をしたし、サルバ（Francisco Salva Campillo（1751-1828）、スペイン）は、この方式を実現するために地下ケーブル方式を 1795 年 10 月にバルセロナで提案するなどしているが、この例は通信ケーブルの最初の提案でもあった。

　電池を最初に発明したボルタは、1777 年にボルタピストル（**図2**）を作ったことでも知られる。これは酸素と水素の混合ガスを詰めた円筒形の容器の中で静電気による電気火花を飛ばしてガスに点火し、容器の蓋を飛ばす装置のことで、後に水電気量計（Eudiometer）と呼ばれる装置の一種である。ボルタはこの導火線を離れたところまで引いて、遠くから蓋を飛ばす装置とした。これは点火の遠隔制御であり、現在の爆破装置の原型でもあった。このことは、点火の情報を遠くまで伝えたという意味で通信のひな形を示すものでもある。つまり通電そのものが大きな情報量を持つという意味で、電信の特徴をよく表している。

　その後、ボルタは電池を発明するが、この発明は電気化学の研究を刺激し、デービーはその先鞭をつけたが、電気分解を利用した通信方法をゼーメリング（Samuel Thomas von Sömmerring（1755-1830）、ポーランド）が 1809 年に発表している（**図3**）。この方法は、受信側に水を入れた 36 個の電解槽を並べ、それらにアルファベットと数字を対応させる。そして、

図2　ボルタのピストル

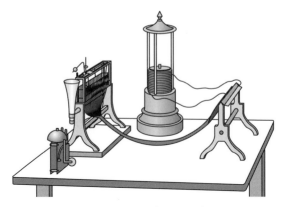

図3　ゼーメリングのテレグラフ

　送信側でそれらに対応する導体にボルタ電池からの電流を流すと、目的と
する電解槽から泡が出ることで送信側が送ろうとした文字情報が分かる。
吸い付く紙を泡に替えただけでC.M.のアイデアを流用したものに他なら
なかった。なお、この方法は、サルバが1804年に発表したとする文献も
ある。

　一方、ロナルズ（Francis Ronalds（1788-1873）、イギリス）は、ボルタ
の発明に触発されて乾電池の研究を始めていた。そして、1815年にロナ
ルズの先生だったデルック（Jean-André Deluc（1727-1817）、スイス）の
助けを得て、この乾電池を使った電気式時計を発明している。また前述の
ように、電流の到達速度が速いことはすでにワトソンによって確認されて
いたが、それはまだ約3.7kmの距離までであった。ロナルズは、それ以
上の距離の確認実験を行うために自分の敷地内に20yd（約18.3m）の間隔
を置き木枠の櫓を建て、その間に鉄線を往復させて8mile（約12.9km）
の通信線を作った。そして、送電側と受電側を同じ場所にして、ここにボ
ルタのピストルと放電装置を置いてライデン瓶による静電気を送った。そ
の結果、送・受電両端で発生した火花やピストルの発射音は目で見ても、
音で聞いてもまったく同時で、遅れを区別することができないことを確認
した。

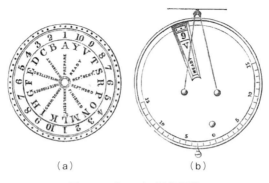

（a）　　　　　　（b）

図4　ロナルズの通信円盤

　この結果をベースに、彼は通信線を軍事的に安全な地下に埋設すること
を考えて、断面2inch（約5.1cm）四方の木製の溝を525ft（約160m）に
わたって地下4ft（約1.2m）に埋めた。そして、温度の変化や湿度など気
象の影響を避けられるようにガラス管の中に通した導線をその溝の中に入
れ、通信路を設けた。これは絶縁対策を考慮した通信ケーブルの最初の例
で、1816年8月のことである。この考えは、後にホイートストンブリッ
ジで知られるホイートストンなどによる海底ケーブルの建設構想に生かさ
れている。

　さらに彼は、この両端の送受信装置として独特の装置を設けた。それは
2枚の真鍮の円盤からなり（図4）、1枚の円盤（a）には、円周上を20分
割して一番外側に1から10までの数字を2回繰り返して並べ、その内側
にJ、Q、U、W、X、Zを除いた20個のアルファベットの文字を記入
してある。さらにその内側に「READY」や、「NOTE FIGURES」などの命
令文が記入されている。そして、この円盤の上に窓を設けた別の円盤（b）
が重ねてあり、この窓付き円盤は時計によって回転するようになっている。
したがって、これを送受信側双方に設ければ、スリットを通して同じ文字
を読み取ることができる。この2枚重ねの円盤を立てて、その前面に2個
の金属ボールの付いた振り子を付けた装置を組み立てた。

　ここで信号を発信する場合、命令文がスリットに現れた時、発信側から

静電気を送ると受信側でガス警報器が引火するとともに金属振り子が反発力で開くので、発信の開始を知らせるとともに命令内容を伝える。次いで、発信側からは数字・文字／数字・文字の順で送信することを決めてあるので、相当する数字または文字のところにスリットが来た時に順次静電気を送り、振り子ボールを振らせて外側の数と内側の文字の組み合わせで情報を送ることができる。送受信双方は数字と、文字を縦横に並べたマトリックス面に情報を記入した暗号表を持っているので、得られた数字と文字の組み合わせ情報によって多くの情報を短時間で送ることができた。

　彼は、これをイギリスの海軍省の高官に提案したが、すでにシャップの腕木式の通信方法が設けられていることと、ナポレオンとの戦争も収束に向かっていることから必要ないと却下された。彼はこれに失望して、この研究から手を引いてしまった。

　しかし、この通信装置は、ボルタ電池が発明されたにもかかわらず静電気を使っているところに後退したように見えるが、C.M. のアイデアとは通信線の数と伝達情報量から見て格段の相違があり、信号の秘匿性と、迅速性から見て優れたものであった。これはボルタのピストルが持つ電気による情報伝達の利用の意義を具体化したものでもあった。

　ロナルズはその後、複写機械や連続映写カメラなどの開発、気象学への貢献もしているが、海底ケーブルの建設などにも関わり、この通信方法の先駆的な試みが評価され、後に爵位を与えられている。

　まさに、ここまではテレグラフであった。その後、電磁現象の発見により電流と磁気を組み合わせた伝達手段が出現して、1830 年頃を境にして通信方法は革命的に変化し、日本に到来した時にはテレグラフは本来の文字の意味とは異なり、電信と翻訳された。

参考文献

（1）Willmott, H.P., Michael, B. Barrett：Clausewitz Reconsidered, p.28, 2010
（2）Huurdeman, A.A.：The worldwide history of telecommunications, p.34, 2003
（3）https://ethw.org/Main_Page

（4）Meyer, H.W.：A History of Electricity and Magnetism, Chap 2, Burndy Library, Norwalk Connecticut, 1972

（5）Priestley, J.：The history and present state of electricity, p.107, 1769

（6）The Scots Magazine, Feb. 17, 1753

（7）Black, R.M.：The History of Electric Wires and Cables, pp.1-2, 1983

（8）Fischer, E.S.：Elements of Natural Philosophy, p.583, 1837

（9）Ronalds, B.F.　http://ahsoc.contentfiles.net/media/assets/file/Ronalds_on_Ronalds-wm6.pdf

（10）Ronalds, F.：Description of an electrical telegraph, 1823

（11）Fahie, J.J.：A history of electric telegraphy, to the year, pp.1-168, 1837

（12）Prescott, G.B.：History, Theory, and Practice of the Electric Telegraph, 1860

（13）Munro, J.：Heroes of the Telegraph, 2012

（14）Urbanitzky A.R.：Electricity in the service of man, Vol.10, pp.754-763, 1886

（15）Highton, E.：The Electric telegraph, its history and progress, 1852

2．長距離に電気を送る試みは古くからあった

　グレイが実験した1728年頃、すでに静電気についての研究がされていて、電荷はエフルビアという概念で理解されていた。しかし、その正体はまだ正確には分からず、曖昧なものであった。グレイは、このエフルビアの能力を系統的に調べようとして実験を重ねるうちに、材料によってその動きやすさに違いがあることに気が付き、現代技術的に言えば、電気の良導体と絶縁体の区別を行った。

　エフルビアが物質を伝わることを知った彼は、次にそれはどこまで到達できるかに疑問を持ち、その解明に取り掛かる。その最初の疑問は、エフルビアが物の中を伝わっていくものであるとすれば、重力の影響を受けるのか、ということであった。そこで、良導体と見られていた麻紐の先に大理石ボールを取り付けてぶら下げ、このボールがエフルビアを感じた時に、およそ2inch（約5.1cm）下の紙や真鍮の細片を吸い付けることができるかを試したところ、52ft（約15.8m）の上下の距離をエフルビアが伝わることを確認した。

　次の問題は、水平距離でどこまで届くのか、ということであった。そのための実験設備は、地面との間で漏電することなく長い麻紐を張る必要があった。そのため、1729年6月頃から、友人であるホイーラー（Granville Wheler（1701-1770）、イギリス）の助けを得て試行錯誤の末辿り着いた方法は、立てた2本の棒の間に不導体としての絹糸を張り、その上に麻紐を載せる方式だった。そして、麻紐の先に大理石ボールをぶら下げ、手元の麻紐に帯電させたガラス棒を接触させる装置を作った。この装置により麻紐の長さを伸ばしていき、大理石ボールが細片を吸引できる距離の限界を実験的に求めた。その結果、886ft（約270.1m）の距離までエフルビアが届くことを突き止めた。彼によるこの実験は、良導体を使えば遠くまで静電気が伝わることの発見であった。大げさに言えば、電気の配電システム

の基礎データを作ったと言える。

　その後、ボルタが1800年に電池を発明し、電荷すなわち電流を継続的に取り出すことができるようになって以後、金属線によって電荷の移動が簡単に行えるようになった効果は、絶大な恩恵を電気技術にもたらした。しかし、金属によっては電流の伝わり方が一様でないことも分かってくるに従って、その定量的指標が求められるようになったが、このことについては、1781年にイギリスの貴族キャベンディシュによってすでに研究されていた。

　しかし、キャベンディシュが実験した時代にはまだボルタの電池は発明されていなかったし、電流を検出する検流計も存在しなかった。そのため、彼は肘と手首の間に静電気を与えた時に、身体が受ける電気ショックを検電センサとして塩水と水の電気抵抗を比較測定し、ショックが大きいものほど抵抗（resistance）が少ないとした。この時初めて電気抵抗の概念が提唱された。ここでの抵抗の概念は、単位断面積を流れる電流の強さを速度と考え、これに逆らう力を抵抗と考えていたために、現代のものとは異なるが、塩水が水よりも抵抗が少ないことを明らかにしていた。この実験結果を得たのは、後にオームが電気抵抗の測定をした時より46年も前のことである。

　オームは、ボルタ電池と磁針の触れを目安に電気抵抗の測定を行い、直径が同じ9種類の金属の電気の通りやすさの比較を始めたが、電池の内部抵抗の影響を避けることができずに悩んでいた。この時、反射鏡式ガルバノメーターを開発したポッゲンドルフが、1821年にゼーベックの発見した熱電対を使うことを薦めた。

　そこでオームは、銅とビスマスからなる熱電対2個を1組として、熱電対のそれぞれの温度を沸騰水と氷を使って100℃と0℃に固定することによって安定した端子電圧が得られるようにした（図1）。そして、その端子の間に対象導体を挟んで、その上に磁針を載せれば針が振れる。そして、長さ5inch（約12.7cm）の細い針金の先に磁針を付け、磁針の振れによる針金のねじれを測ることで電流の大きさを同定した。このようにして、抵

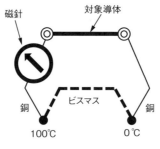

図1　オームの実験回路

抵体に流れる電流の大きさは、一定電圧のもとでは抵抗に反比例するというオームの法則を発見し、これを 1827 年に「電気回路の数学的研究」として発表した。この論文は、英国王立協会により 1841 年にコプリ賞を贈られる。電気抵抗の単位 Ω は彼の名から取り、オームと呼ばれるのは周知の通りである。この発見により、導体で電力を送る場合は、受電側で電圧が下がるのを避けるため送電端電圧を高く、送電線に流れる電流を少なくする必要があることが明らかになった。

　直流発電機が開発された時、その負荷は灯台やメッキ装置であったが、発電電圧が十分でなかったために、発電機はそれらの負荷に近接した位置に置かれるのが普通の姿であった。しかし、この距離を大きくするための要望は常に内在していた。そして、直流発電機の開発が進むに従って複数の負荷への電力供給が行われるようになり、さらには発電機と負荷の間に距離のある場合への需要が出てくる。1877 年にジーメンス・Wは「鉄鋼研究所において、近い将来電力を電線で送ることによって、水力で発電した場所から離れた土地で、電動機を動かしたり、照明を点けたりすることができるであろう」という講演を行っている。

　この予測の通り、その翌年の 1878 年にアームストロング（William George Armstrong（1859-1887）、イギリス）は、自宅から 1 mile（約 1.6km）離れたところにある滝に設けた水車で発電機を動かし、そこから電線を架設して夜は照明、日中は旋盤や鋸盤などの動力源として使う実験

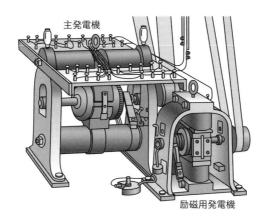

主発電機

励磁用発電機

図2　パリでの展示システム

を行った。

　一方、ジーメンス・Wもセンターに置いた蒸気機関で駆動される発電機から電力を供給する集中配電方式で、室内照明や揚水ポンプ、木工機械の電源として数年間使った結果を発表した。この時、これを取り扱った使用人は電気の知識を持っていなかったが、容易に扱うことができたとしている。

　これらは小規模のものであったが、ドプレは、その規模を大きくしたことで知られている。彼は本来、土木技師であったが、電気に興味を持ち、1881年にパリの電気博覧会において送電実験を展示した（**図2**）。ここでは2台の直流発電機を使い、一方を主発電機、他方をこの発電機の励磁機とし、1.8km離れた位置にあるアーク灯、鋸盤、ミシンなど27個の負荷に電力を供給した。この時の原動機は、160rpmで回転するガスエンジンを使い、これによって励磁発電機を800rpm、主発電機を2,000rpmで回転させた。

　さらに、1882年ミュンヘンの展示会では、蒸気機関で駆動されたグラム式発電機を会場から57km離れたミースバッハに設け、展示会会場の400Wのポンプに電力を供給し、2.5mの揚程で水をくみ上げる実験を行

うことに成功した。この時の送電線は、直径4.5mmの電信線を使ったが、送電損失は950W、送電電圧1.35kV、全効率は35％であった。しかし、この実演では負荷に数時間電力を供給した後で、発熱のために続けて発電機を使うことができず、効率も50％程度にしかならなかったため、実用にはならないと評価された。この頃の認識では送電は電力伝送というより、発電機を動かしている原動機のパワーが送電線によって伝えられる動力伝送と考えられていた。

　その後、ジーメンス・Wは、1888年3月にロンドンの土木技術会で電気技術の展示を行った。ここで彼は、小型蒸気機関に発電機を連結して、6kWの電力を発生させ、小型電動機に直結したポンプを駆動し、60ft（約18.3m）の高さまで3kWのポンプで噴水する実験を行っている。またこの時、発電機の出力を電池に蓄え、その電池の出力から動力を取り出す実験も行って、電気の持つ柔軟性を宣伝した。これらのことから、この頃には動力源としての電動機がすでに広く使われ始めていたことが分かる。しかし、電動機はまだ小型で直流のものしかなく、蒸気機関は強力な競争相手であった。

　その頃、エジソンは、自身の発明した白熱電灯の需要を増やすために発電事業を始めるが、この事業は1882年9月4日午後3時にマンハッタンのパールストリート257か所に設けた中央発電所からユーザー85人、400個の電灯を対象とした送電で結実した。その配電範囲は当初の計画は1mile²（約2.6km²）であった。しかし、実際に配電できたのは、送電線の電気抵抗のため半径約300mの地域に過ぎなかった。しかし、照明に対する需要は大きくエジソンの事業は拡大した。

　ここで鉄道ブレーキを製造していたウエスティングハウス（George Westinghouse, Jr.（1846-1914）、アメリカ）が登場する。その頃、すでにハンガリーのガンツ社が変圧器を使った交流配電事業を始めていて、ハンガリーではこれに成功したことに勢いを得て、アメリカへの進出を考えていたが、ウエスティングハウスは、同社のゴラールとギブスが持つ変圧器システムの特許を読んで感銘を受け、これが交流配電の決め手だと思い込

んだ。そして、これをスタンレイに研究するよう依頼した。

　スタンレイはこの依頼を受け、交流を高電圧で送電し、受電端に彼の考えたE型鉄心の変圧器を置き、ここで100V近くまで降圧し、端末の電球負荷に供給するという現代で広く使われる方法を考えた。この方式は、直流送電の弱点を解決できる画期的な方法であったと言われている。彼は、このシステムを1886年3月20日にバーリントンの目抜き通りと事務所の間4,000ft（約1.2km）の電灯に給電するため、500V133 1/3Hzのジーメンス社の発電機を使って実験して大成功を収めた。ハンガリーのガンツ社の先例はあるが、アメリカでは、これが交流長距離配電網の最初の例とされる。

　この実験を資金的に援助したのはアメリカのウエスティングハウスで、スタンレイの成果をものにしたウエスティングハウスは、1886年にウエスティングハウス電灯会社を設立し、電気事業に注力し、エジソンの直流配電システムを蚕食し始めた。ウエスティングハウスの交流配電事業への進出である。その結果、1887年9月には建設中のものも含めて、白熱電灯13万個分の供給電力を実現していた。そして1890年には300か所の交流の中央発電所を持つに至った。

　その後、ヨーロッパでは、スイスのエリコン社のボベリ（Walter Boveri（1865-1924）、ドイツ）が、ネッカー川にあるラウフェン（ドイツ）の発電所用に設計した発電機がある。これは発電所から6 mile（約9.7km）の距離にあるハイルブロンの町に電力を供給するためのものであった。しかし、最初に使われたのはそこから110mile（約177km）離れたフランクフルトの博覧会会場まで、8.5kVで電力300HPを送るためであった。この博覧会では、籠型誘導電動機の発明者であるドブロウォルスキー（Михайл Осипович Долúво-Добровóльский（1861-1919）、ロシア）とドイツ博物館創設者のミラー（Oskar von Miller（1855-1934）、ドイツ）が長距離交流送電を企画して実現したもので、長距離三相交流送電の最初の例となる。1891年8月24日のことであった。

参考文献

（1）Meyer H.W. : A History of Electricity & Magnetism Burndy Library, No.27, p.33, 1972

（2）Philosophical Transaction, 37, pp.18-44, 1731

（3）Maxwell, J.C. : The electrical researches of the honourable Henry Cavendish, F.R.S., pp.55-60, 1879

（4）Geddes, L.A. & Geddes, L.E. : IEEE Engineering in Machine & Biology, p.107, May/June 1998

（5）Alglave, E.M. : Electric Light, p.342, 1884

（6）The Bulletin of the Association of Graduates of the School of Mines of Paris, Jan.-Feb.-Mar. 1919

（7）The Electrician, Vol.11, p.47, Feb. 1883

（8）Hobart, H.M. : Design of Static Transformers, p.2, 1911

（9）US Patent, No.349,611, 1886

（10）http://www.edisontechcenter.org/GreatBarrington.html

（11）Hughes, T.P. : Networks of Power, Johns Hopkins, pp.18-139, 1988

（12）Prescott, G.B. : Dynamo-Electricity, pp.712-718, 1884

（13）Martin, T.C., Wetzler, J. : The Electric Motor and its Application, pp.29-45, 1887

3. 交流電源の周波数はどのようにして決まったのか

　我が国の電源周波数は、東日本50Hz、西日本60Hzと互いに異なることがよく知られているが、最初からこのようになっていたわけではない。戦後でも九州は50Hzで配電されていたが、これが統一され、西日本全体が60Hzになったのは1960年のことで、この統一に10年を要した。地域内の周波数が統一されていないことが経済的不利益を生ずることについては、日本が電気技術を欧米から導入した時にはそれほど深刻に考えていなかった。この原因を作ったのは1896年に東京電灯浅草発電所がドイツ製の50Hz発電機、大阪電灯幸町発電所がアメリカ製の60Hz発電機を購入したのがきっかけになっている。その後、それぞれの企業が配電網を拡充するにつれて、日本に限らず欧米諸国においても異なった周波数エリアが広がっていった経緯がある。中でも電気技術が生まれたヨーロッパでは地域の主体性が表に出て、普及していった面が強い。

　実負荷に電力を供給する交流発電機が開発されたのは1850年後半頃にまで遡る。ラリアンス社が開発したその発電機は、500〜600W程度の出力があった。この機械には8個の磁石界磁があったことから、その周波数は数十Hz程度ではなかったかと思われる。この発電機の負荷はアーク灯であったが、アーク灯が開発された当初は直流が使われていた。しかし、交流でも点灯することが分かって以後、交流発電機が使われた経緯がある。その後、アーク灯の配電システムとして1878年にヤーブロチコフが開発した変圧器システムが採用されたことでアーク灯電源としての交流の使用は不動のものとなった。しかし、使われる交流は単相であり、特に周波数に制約があったわけではなかった。

　一方、発電機の普及は直流発電機が先行していた。直流電動機の開発が遅れたのは、電磁石による往復動を利用した動力機構が蒸気機関より手軽な原動機として使われ始めたことによる。交流発電機の開発は交流の需要

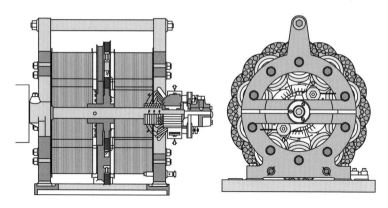

図1　ジーメンス・ハルスケ社の交流発電機に改造された直流発電機

がなかったためさらに遅れた。そのため、ヤーブロチコフが複数のアーク灯に給電するために最初に使った交流電源は、グラムの開発した直流発電機の出力を電鈴式スイッチ機構で断続させたもので、波形はパルス状で一般に言う交流とは呼べないものであった。しかし、ヤーブロチコフ方式は変圧器を使った配電方式であったため、交流の需要は急激に広がり、その需要に応えて交流発電機の開発が盛んに行われるようになった。その先鞭をつけたのがジーメンス社である。

　図1は、ジーメンス・ハルスケ社のアルテネックが設計した平盤型発電機で多極構造の界磁の間にボビンコイルを装着した平盤電機子が回転するようになっている。図では、構造的にこの機械は整流子が付いているので直流発電機であるが、この整流子を集電子に替えれば交流発電機になり、ジーメンスの交流発電機としても知られている。ただ、これを交流発電機として使うためには定常磁界を作るための界磁と、それを励磁するための直流発電機が別途必要になるが、すでにこの時期には、直流発電機の技術は十分これに対応できるレベルにあった。

　このような平盤型の交流発電機の構造は界磁極が軸方向に向いているのが特徴で、界磁と電機子の相互関係から図2に示すように、界磁と電機子のいずれを固定するかによって3通りの組み合わせがあり、様々なものが

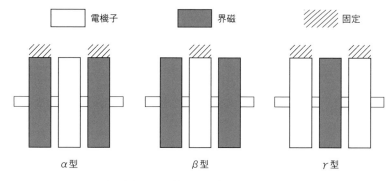

図2　平盤型交流発電機の形態（固定要素の組み合わせ）

表1　19世紀に使われた電源周波数の例

Hz	$133\frac{1}{3}$	125	$83\frac{1}{3}$	$66\frac{2}{3}$	60	50	40	$33\frac{1}{3}$	30	25	$16\frac{2}{3}$
cycles/min	8,000	7,500	5,000	4,000	3,600	3,000	2,400	2,000	1,800	1,500	1,000

作られた。また、平盤式電機子による交流発電機は低回転速度であっても、界磁極数を多くすることで高い周波数を出力することができたので、作られた交流発電機の周波数には**表1**に示すように様々なものがあったが、初期のものはベルト駆動が多く、その周波数は小さいものが多かった。また1880年代では、交流発電機の用途は照明用しかなかったため、多様な周波数の存在はそれほど問題にはならなかった。

　一方で、照明器具としてのアーク灯はかなり改良が加えられ、初期のものから比較すれば取り扱いは容易になったが、電極が消耗する欠点は解消していなかった。そのため、これに替わる灯具は常に模索されていて、すでに1840年にはグローブが白金の発熱発光を灯具にしたものを提示している。しかし、この時はまだ灯具とするには照度が足りず、白金を使ったため高価でアーク灯に替わるものではなかった。その後、改良が進み、スワン（Sir Joseph Wilson Swan（1828-1914）、イギリス）は、ヤーブロチコフの発表と同じ頃白熱電灯の長寿命化に成功し、改良を重ねてアーク灯の

市場を侵食し始めていた。

　白熱電灯は周波数が低い交流を電源とする場合、光がチラつくのが弱点であった。そのため直流が優位となる。エジソンが、1882年に自らの発明品である白熱電灯の需要を増やすために配電事業を始めたが、この時に直流を採用したのはこのことが原因かもしれない。そして、アメリカでの成功を足掛かりにエジソンはドイツに進出し、後にアルゲマイネ・エレクトリツィテート・ゲゼルシャフト社となるドイツ・エジソン社を設立して配電事業を始めた。いずれにしろ、このことによりヨーロッパでも照明用電源はさらに多様なものとなった。

　このような状況で、従来のものより規模の大きい交流配電事業が出現してくる。その最も早い例がガンツ社で、1885年にブダペストで展示したものは、一次電圧1,350V、二次側75Vで、周波数は70Hzで1,067個の白熱電灯に電力を供給した。その後、このシステムはイギリスのサウスケンジントンで展示した後、ロンドンに導入している。この時、イギリスでは交流配電事業に対する抵抗はほとんどなかった。これを契機にガンツ社は、ヨーロッパにおいて様々な交流システムを導入した。ここで開発した発電機も多様で、採用した周波数も統一した値ではなかった。

　ヨーロッパのこのような状況とは別に、アメリカでウエスティングハウス社が本格的に交流配電事業に乗り出したのは、スタンレイに依頼した交流配電の実証試験がきっかけになっている。この時、スタンレイが採用したのはジーメンス・ハルスケ社の発電機であった。この実験は1886年3月に成功したが、彼は発電機に不満があり、同じ年に独自に容量150kW（1,100V、145A）、1φ144Hzの交流発電機を設計した。ウエスティングハウスは、この成果をベースにウエスティングハウス電灯会社を設立し、交流配電事業を始める。そして、先行していたエジソンの直流配電事業に攻撃を仕掛けることになった。その結果、この両者の間に電流戦争が起こり、その時は直流側のエジソンが勝ったように見えた。しかし、テスラ（Nikola Tesla（1856-1943）、セルビア）の回転磁界の発見により、交流は照明用だけでなく、電動機としても使えることが明らかになり、その用途

が拡大した結果、周波数の選択肢はさらに広がる。一方で、これとは別に直流は電鉄の電源としてその需要は増加しつつあった。そのため電源の多様性は無秩序な状況に陥っていた。

この中で新しい技術として出現したのが回転変流機である。この機械は同じ電機子巻線を交流用と直流用に共用することによって、電動機として作用した電機子の電流を発電機の電機子として作用させて、交流から直流、または直流から交流に変換した電流を出力する機械である。この機械は、エジソンの会社にいたブラッドレイ（Charles S. Bradley（不明））によって1889年に発明された。直流にこだわったエジソンの会社の技術者がこの機械を発明したことは技術進化の皮肉とも言える意味を持っている。

つまりエジソンの直流配電事業はこの時期転換期にあり、1892年にエジソンは直流配電事業から手を引き、交流発電機を製品化していたトムソン・ヒューストン社と合併し、現在のゼネラル・エレクトリック社につながる大改革を行っている。ブラッドレイは、この回転変流機を作るためにエジソンの会社を辞めるが、ゼネラル・エレクトリック社は彼の特許と彼が設立した会社を買収している。また、回転変流機の特許は、そのほか三相誘導電動機を開発したハーゼルワンダー（Friedrich August Haselwander（1859-1932）、ドイツ）や、ジッペルノウスキーなども取っているが、これらの機械は交流‐直流の変換だけではなく、相数変換機としても使えたので、電鉄用としてすでに大きな電力を必要としていた直流や、いろいろな相の交流が混在していた配電網に対して回転変流機の果たす役割は大きかった。

1887～92年頃、欧米では配電事業の熾烈な競争の結果として、発電機メーカーの恣意的な仕様で周波数も決められていた。中でもアメリカでは、133 1/3Hzや125Hzが多く使われていたが、ウエスティングハウス電灯会社が60Hzを主体とした白熱電灯システムを構築していたことから、この無秩序状態を解消する主導的役割を果たし、アメリカでは60Hzが主流となっていった。しかし、ここに至るまでに三相を使うか二相を使うかの論争があり、ウエスティングハウス電灯会社が二相を、ゼネラル・エレク

トリック社が三相を主張していた。周波数が 60Hz に集約された段階（1893年頃）では二相が採択された経緯がある。

一方、ヨーロッパでは、ベルト駆動の発電機があったことから、高速回転には限界があり、16 2/3Hz、33 1/3Hz が普及していた。そのため妥協点として中間の 25Hz への統一の動きがあったが、25Hz に対応する回転変流機がなかったので、ドイツではアルゲマイネ・エレクトリツィテート・ゲゼルシャフト社が 50Hz に取りまとめた。しかし、他の諸国は混沌とした状態で、第一次大戦の時でもイギリスでは統一されていなかった。これらがほぼ 50Hz に統一されるのは 1920 年頃である。現在、ヨーロッパ大陸から太平洋に至る諸国で 60Hz を採用しているのは西日本、フィリピン、韓国、台湾、サウジアラビアのみである。一方、アメリカ大陸では 60Hz が主流になっている。

この間、アメリカのウエスティングハウス電灯会社、ドイツのアルゲマイネ・エレクトリツィテート・ゲゼルシャフト社、スイスのブラウンボベリ社が交流電力の普及に主導的な役割を演じた。

参考文献

（1）経済産業省 資源エネルギー庁資料，50Hz と 60Hz の周波数の統一について（2012年2月16日）
（2）https://dokutar.omikk.bme.hu/archivum/angol/htm/blathy_o.htm
（3）http://www.smithsonianmag.com/smart-news/topsy-elephant-was-victim-her-captors-not-really-thomas-edison-180961611/
（4）Hughes, T.P.：Networks of Power, Johns Hopkins Univ., 1983
（5）Fleming, J.A.：The Alternate Current Transformer, Vol.2, 1892

第6幕

生物電気技術の発展のウラ話

1. 電気による人体実験は
死刑用電気椅子で結実した

　電気の知識はなくても雷が恐ろしいものであることは、いろいろな経験を通じて昔から人間は知っていた。それは雷撃として目撃したか、生活の中で静電気によるショックを経験していたからに違いない。この雷と電気の2つが結び付くのは18世紀のフランクリンの指摘まで待たねばならなかった。しかし、静電気現象そのものは、ギルバート（William Gilbert（1544-1603）、イギリス）が16世紀末に琥珀を摩擦すれば定常的に発生することを発見してから系統的に追究され始めた。その時の静電気発生の目安は、小さなものが吸い付く現象であった。

　このような背景の中で、グレイは電気に対する良導体と絶縁体の区別を明らかにしたが、次に人体に対する電気特性を知りたくなったに違いない。そこで、今では考えられないことであるが、1730年4月8日に彼は8歳の少年を使って人体実験を行った。少年をうつぶせにして両手、両足を絶縁体である絹糸で宙吊りにし、帯電したガラス棒を体に接触させると少年の手に紙切れが吸い付くというものであった（図1）。さらに2人の少年を金属線でつなぎ、その間で静電気が伝わることや、人体を介して電気が伝

図1　人を介して電気が伝わることの実験

わることの実験を行っている。デュフェイは、グレイの実験を見学したらしく、少年ではなく少女を使った実験をしている。

　これらの実験はガラス棒を発電体としたが、その後、中空のガラスボールを回転してそれを布などで摩擦して発電する道具が考えられた。そして、この回転をベルト車で回す初歩的な静電発電装置が考え出された。これを使って評判になったものに1743年頃、ドイツのヴィッテンブルク大学教授ボーゼ（Georg Matthias Bose（1710-1761）、ドイツ）が作った情熱の火花発生器がある（**図2**）。これは絶縁体の上に女性を立たせて帯電させ、そこにキスしようとして近付いた男性との間に火花を発生させるという装置であった。ここで使ったのが、上述の中空ガラスボールが回転する静電発電装置で、女性がこのガラスボールを手でこすることで帯電する現象を用いている。このデモは一躍有名になり、ヨーロッパ各地で実演された。

　この情熱の火花発生器の評判を受けて、火花をより強く大きなものにしようとした。そこで、オランダのライデン大学教授のグラブサンド（Willem Jacob's Gravesande（1688-1742）、オランダ）の影響下にあった教会司祭

図2　情熱の火花発生器

クライスト（Ewald Georg von Kleist（1700-1748）、ドイツ）とライデン大学のムッシェンブレーク（Pieter van Musschenbroek（1692-1761）、オランダ）が、まったく別に同じような装置を作って実験をした。ここで彼らは強い電気火花を得るためには、当時エフルビアと呼ばれていた電荷を貯める装置が必要と考えた。

　そのためボーゼが使った中空ガラスボールの静電発電器から金属棒でエフルビアを引き出し、水を入れたガラス瓶の中に閉じ込めようとした（図3）。このガラス瓶は大学の名前に因んでライデン瓶と呼ばれるが、その機能は後にフランクリンによってコンデンサであることが明らかにされる。したがって、ここには大きな電荷が貯まり、高い電位を持たせることができる。そのため金属棒に触ったクライストは大きな電気ショックを受けた。その日は1745年10月11日とされ、人が自分で作った電気でショックを受けた最初の例とされる。続いて同じ頃、ムッシェンブレークの実験の場にいた友人も電気ショックを体験した。

　しかし、人類が電気ショックを体験したのはこれが初めての例ではない。古代エジプトでは、エイやウナギの仲間に痺れを感じる魚がいることが知られていた。もちろん、その当時は電気の知識はなかったが、ローマ時代のローマ皇帝に仕えた物理学者ラルグス（Scribonius Largus（1-50）、イ

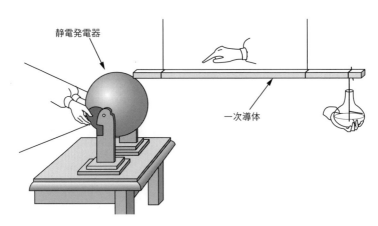

図3　静電気の取り出し装置

タリア）は、西暦47年に痛風患者が、たまたま電気エイに触れたことで治療効果があったことを記している。このような体験の積み重ねにより、電気ショックとの類似性に気付いていたに違いない。1747年にジャラベルト（Jean Jallabert（1712-1768）、スイス）が、14年間も麻痺で動かなかった人の腕の筋肉がライデン瓶の電気ショックによって3か月で動くようになったことを発表した。

　そして19世紀中頃、フランクリンが雷と電気の同質性を明らかにしたのを契機として、静電発電器はより精巧になり身近に使える道具となる。その結果、この器械を使った電気ショックがリュウマチの治療に効いたとか、痛風が良くなったという報告が多く出てくるようになった。このような静電気を使った電気治療法をフランクリズムと言うことがあるが、人体が良導体であることの利用でもあった。

　その後、電磁誘導現象の発見により発電機が開発され、その出力が大きくなり、ジーメンス・Wが電気機関車を発表した時、その給電回路として走行レールを使ったので電気刺激は危険なものに変質した。この時の電圧は直流180Vであったが、馬車を引く馬の感電事故もあり、すぐさまこの方式は改められて架線方式や第三軌条方式になるが、電気技術はその後急速に発展して、照明用として生活圏の中に電気が入ってくるようになると、電気事故は身近なものになってきた。

　そして、最初の感電事故が起こったのは1879年フランスのリヨンで、舞台大工が250Vの電線に接触して感電死したとされる。その後もアーク灯が街灯として普及するに従い高圧線に接触して死亡する事故が発生した。しかし、その犠牲者には死因の痕跡が見付からない場合が多く、即死状態であった。

　これらは不注意による不慮の事故であるが、これを1881年に積極的に死刑執行の道具として考えたのが、ニューヨークの歯医者サウスウィック（Alfred Porter Southwick（1826-1898）、アメリカ）である。彼は、即死状態に近い感電死の情報を聞いて歯科用椅子をヒントに電気椅子を考えた。そして、電気による死刑執行は絞首刑よりも苦しみが少なく慈悲深い

ものであるとした。ここに後に電流戦争と言われるエジソンとウエスティングハウス社の諍い_{いさか}が起こる。

　当時、1882 年にエジソンが始めた直流配電事業の需要は確実に高まり、配電ネットワークを拡大しようとしていたが、直流で配電網の面積を広げるには電気抵抗のために限界があった。一方、ウエスティングハウス社は、交流の配電網を完成させ、1887 年 9 月には建設中のものも含めて、白熱電灯 13 万個分の供給電力を実現し、エジソンの配電網面積の半分以上に達していた。そこでエジソンが取った方法は、死刑囚に交流を使って感電死させれば苦痛を与えることなく死なせることができる、と周知させるというものであった。このことは交流が直流よりも危険な電気であり、電気を使うならば交流より直流を採用すべしという論理を使ったのである。

　そしてエジソンは、1888 年 6 月から犬や子牛を感電死させて交流が危険なことを宣伝した。それとともに、死刑囚に対するサウスウィックの電気椅子の導入について猛烈なロビー活動を行った結果、この計画は成功し、1888 年ニューヨーク州が死刑執行に電気椅子を使うことを決め、1890 年 9 月 6 日ニューヨークのオーバーン刑務所で死刑囚ケムラー（William Francis Kemmler（1860-1890）、アメリカ）の執行手段として使われることになった。この間、ウエスティングハウス社は防戦一方であり、電気椅子のための交流発電機の提供を求められたが断っている。

　この人体実験の場には、発明者のサウスウィックとエジソンのところに出入りし、椅子を製作したブラウン（Harold Pitney Brown（1869-1932）、アメリカ）や物理学者、ジャーナリストを含め 25 人の証人が立ち会ったが、エジソンはここにはいなかったらしい。刑場にはウエスティングハウス製の中古の交流発電機が持ち込まれた。エジソンは動物実験の結果から、人間は 0.01 秒程度の通電で死に至ると述べていたが、実際には死刑囚は 1 回の通電では死にきらず蘇生したので、2 回の通電を行ったとされている。この結果に満足しなかったエジソンは 1903 年 1 月 4 日コニーアイランドの遊園地で、人を 3 人殺していたトプシーと名付けられた象に対して、高圧交流を使った感電死実験を 1,000 人あまりの観客の前で公開し、それを

フイルムに収めている。

　以後、アメリカでは、刑死手段として効果的な電気椅子の研究が続けられ 20 世紀末まで使われるが、エジソンの主張した直流の優位性の主張はそれほど長くは続かなかった。変圧器を使った交流配電方式は送電区間を高電圧にして送電抵抗損を小さくした長距離配電網を構築できる。このことはエジソンの下で働いたことがあるテスラが指摘し、エジソンに交流の採用を薦めたが、エジソンが拒否した。そのためテスラはエジソンから離れてウエスティングハウスの下に行った経緯がある。結局は、後にエジソンも交流発電機を作るようになる。

　しかし、交流配電を採用したため電気事故が減ることにはならなかった。むしろ身近に高圧線に触れる機会が増したと考えられる。我が国の例で言えば、最初に東京、そして関西に電灯会社が設立され、電力が供給された 1908 年頃には感電事故は年間 10 数件であったが、電灯線の普及に伴って最初は感電による負傷事故が多く、死亡事故は少なかった。しかし、電灯普及率 87％、60 万灯になった 1930 年頃には感電による負傷事故と死亡事故が、ほぼ同数の年間 400 人に達した。

　このように初期に感電事故が増したのは電気に対する取り扱いに慣れていないことが影響していると見られる。その後、感電事故は減少するが、1950 年頃、戦後の設備の老朽化と復興のための設備増強が重なって再び増加し始め、一時、感電事故死は年間 600 人に達した。しかし、現在では安全管理の向上と、設備の発展により感電死事故は年間 1 桁程度にまで減少した。

参考文献

（1）Doppelmayr, J.G.：Neu-Entdeckte Phaenomena von Bewunderns-Wurdigen Wurckungen der Natur, p.102, fig.5, 1744

（2）Heilbron, J.L.：Electricity in the 17th and 18th centuries, pp.309-311, 1979

（3）Mcdonald, A.J.R.：Acupuncture in Medicine, Vol.11, No.2, Nov. 1993

（4）https://www.youtube.com/watch?v=NoKi4coyFw0

（5）http://www.stat.go.jp/data/chouki/zuhyou/29-19.xls

（6）Elsenaar A., Scha R. : Leonardo Music Jour., Vol.12, pp.17-28, 2002

（7）Piccolino, M. : Brain Research Bulletin, Vol.46, No.5, pp.381-401, 1998

（8）http://ppp.unipv.it/Collana/Pages/Libri/Saggi/NuovaVoltiana_PDF/quattro.pdf

（9）King. G. : Edison vs. Westinghouse, Smithsonian. com, Oct. 2011

2. 蛙の実験から生物電気技術が始まった

　18世紀は静電気の研究が意欲的に進められた時代であったが、この時の最後の成果がガルヴァーニによってもたらされた。その動機は、解剖学の先生の娘であり、妻でもあったルチア（Lucia Galeazzi Galvani（1743-1788）、イタリア）と甥アルディニを助手として、3人で行った蛙の解剖実験が事の発端である。その時期ははっきりしないが、1780年11月のある日とされている。

　彼らは静電発電器の横で蛙を解剖していたらしいが、助手の1人がメスの先端で大腿の神経を触った時、脚が衝撃的に動いたのを観察した。この時、別の助手は静電発電器を操作していたが、出力端から火花が出たと思ったらしい。驚いた彼らは、発電器を動かしながら再度同じ神経や他の神経をメスで触ってみたところ、同じ現象が起こることを確認した。死んでいた蛙が突然動いたのを見て、彼らの驚きは大変なものであったことは容易に想像できるが、この発見は今日に続く生体と電気の研究の道を開く重要なきっかけとなった。

　解剖台と発電器は不思議な取り合わせであるが、これには次のような背景がある。例えば、1747年にジャラベルトが、静電気ショックが麻痺した腕の治療に効果があることを見付けており、電気治療師は静電気を治療に使っていた。このことからイタリアの学者の間では、電気と生体の間には何らかの関係があるという認識があった。そして、ガルヴァーニの実験の前に、彼の友人である解剖学者カルダーニ（Leopoldo Marco Antonio Caldani（1725-1813）、イタリア）は1756年頃、また、その友人フォンタナ（Felice Fontana（1730-1805）、イタリア）は1760年頃に心臓やいろいろな筋肉に電気刺激を与える実験を重ねた経験から、蛙は電気刺激に敏感であることを見付けていた。そして、彼らは1750年代に共にボローニャ大学の解剖学教室にいたので、ガルヴァーニが蛙の実験の時に発電器を持

ち込んでいたことは、それほど不思議なことではなかったのかもしれない。

　いずれにしても、筋肉の動きは何らかの電気的な刺激が関わっていると考えたガルヴァーニは、発電器の位置を変えたり、発電器を真空容器の中に入れたりしてみたが、電気が伝わってくる仕組みは理解できなかった。そこで空気中にある電気の影響を調べることにし、1786年9月の嵐の日に蛙の脚が雷に反応するかどうかを確かめることにした。最初の蛙の実験からすでに6年近くが経過していた。

　この実験をしている際、雷が来ない時の退屈しのぎに、蛙につないだ真鍮棒を銅に替えて押し付けたところ、筋肉が動くことを見付けた。そして、この動きはまったく天候と関係のないことも発見した。そこで、いろいろな金属の組み合わせを使って、一方を脚の神経に、他方を脚の筋肉に触る金属弧と呼ぶ道具（図1）を作って実験をすると、天気とは関係なく筋肉が収縮した。これは金属の接触電位差の発見であると同時に、最初に発電器との関係を疑ったことの否定でもあった。ここでガルヴァーニは、この現象を蛙の中に電気があると考えたが、この発見は後のボルタの電池につながり、科学史上重要な意味を持っているが、過小評価する人もいる。

　この事実の発見は間違いなくガルヴァーニのものであったが、一連の実験の経緯については、いろいろな説が流布している。これには彼の研究発表に対する姿勢が影響していると見られなくもない。彼は成果の公表に対

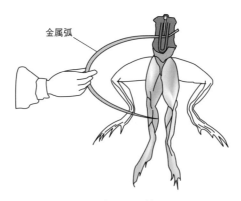

図1　金属弧と蛙の脚

して保守的で秘密主義的な面があり、当時の学者のやり方を踏襲してラテン語によってこれらの実験結果を『Commentarius』と略称される 7 巻の書籍にして公表した。最初の実験から 10 年以上経過した 1791 年のことであった。この中で彼は、動物には筋肉を動かすような電気があり、これを生物電気といった。このことは摩擦以外にも電気が発生するということから、ヨーロッパ中で大変な反響を呼んだ。

ガルヴァーニの論文を読んだボルタは、1792 年にガルヴァーニのもとに赴き、2 種金属による筋肉の痙攣現象の議論を始めた。この論争は、1798 年のガルヴァーニの死後も甥のアルディニが引き継ぎ 10 年近く続くが、2 人の政治的な立場の違いや、考え方の相違からイタリアの生物学者と物理学者を二分した争いとなり、ガルヴァーニとボルタの科学論争として後世に伝えられている。この時ボルタは、すでに電気盆の研究や最初の遠隔制御の事例とされるボルタピストルの開発などで知られた気鋭の電気学者であり、電気現象について高い見識を持っていたはずである。

彼は、最初のうちは筋肉の収縮と放電火花に関するガルヴァーニの見解、つまり検電器としての筋肉の役割は肯定していた。しかし、生物電気の根拠となった金属弧の実験については疑問を抱いていた。彼は実験を重ねるうちに、金属弧を接触させる相手は神経と筋肉でなくても、同じ神経の 2 点に触っても筋肉は収縮することを発見する。このことはガルヴァーニの言う「電気は神経と筋肉の間で発生する」との見解を否定することにほかならず、論争の出発点はここにあった。

実は、ガルヴァーニ自身もこの現象は把握していたが、金属弧はオカルト的な性格を持っているので、神経の間を刺激しても筋肉の間で電気が発生するのだと考え、無視していたと言われている。ボルタのこの発見は、ガルヴァーニとの意見の相違を決定的なものにした。しかし、ガルヴァーニは死の直前、ボルタに「電気エイの電気は生物電気ではないか？」と問いただしたが、この質問に対してボルタは回答できなかった。この件に関する回答は、電気生理学を創設したデュ・ボアレーモン（Emil Heinrich du Bois-Reymond（1818-1896）、ドイツ）の出現まで待たねばならなかった。

　この金属弧の現象に関して、ボルタは金属の組み合わせに問題の核心があると考えた。そして、様々な金属の組み合わせを、検電器を用いて試して電位差の生ずる組み合わせを分類した。しかし、その電位差の大きさはそれほど大きくないので悩んでいたが、蛙の脚が血液などの液体成分を含んでいることに気が付く。

　この部分を追究した結果、最適な組み合わせとして、亜鉛と銅または銀の間に、塩または酸性水を含ませた布を挟んで、重ね合わせる方法によって電位差が大きくなることを1800年に発見した。これが現在につながる電池で、ボルタ電堆（Voltaic pile）と呼ばれた（**図2**）。この装置は、ライデン瓶のように瞬間的に放電してしまう電気ではなく、継続的に電流が取り出せることにボルタは大変驚いているが、その原理についてボルタは理解できなかった。

　ボルタは1801年11月、当時北部イタリアはナポレオンの勢力下にあったので、この成果を持ってパリに赴き、ナポレオンの前で実験を公開する。この結果の重要性を理解したナポレオンは、彼に勲章を与えるとともに6,000フランの賞金を与えている。一方、ガルヴァーニはナポレオンのイタリア占領に反発し、1797年に33年間維持していた教授職を捨てた。この翌年に彼は亡くなっている。

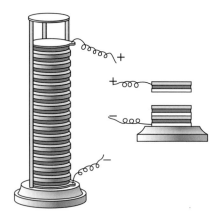

図2　ボルタ電堆

　一方、ガルヴァーニの下で共に研究していた甥のアルディニは、ガルヴァーニの主張を宣伝するために動物の死体を使い死体の筋肉を動かす実験をして、動物は死んでも生き返らせると主張していた。彼はボローニャ大学の教授になっていたが、1803 年 1 月 7 日にはロンドンのニューキャッスル刑務所で絞首刑にされたばかりの死体を使って蘇生実験を行い、あごを動かしたり目を開かせたりした。このような考えをガルバニズムと称して宣伝し、彼の行う実験は上層階級にしか公開されなかった。そのため実験の様子については、普通の市民は見聞録として出版される印刷物からしか知ることはできなかった。この話をメアリー・シェリー（Mary Shelley（1797-1851）、イギリス）が聞き、それを下敷きにして書いた小説が『フランケンシュタイン』である。これは人間が創造したものに対する科学者の責任を問う著作でもあり、提起された課題は現代にも通じる。

　一方、興業の趣を呈していたガルバニズムは、徐々に科学の道から逸れていくが、これに新しい道すじを作ったのはボルタであった。ボルタはガルヴァーニの生物電気説に異論を唱えていたが、自身が作り出した電池によって瞬間的な電気刺激を筋肉に与えると収縮することを示し、破傷風による筋肉の収縮症状との関連について述べている。これを受けてマテウッチ（Carlo Matteucci（1811-1868）、イタリア）は 1831 年に、障害を受けた筋肉と神経の間に電位差のあることを突き止めた。そして、マテウッチの実験と破傷風症状とを相互に結び付けたのが、先にも述べたデュ・ボアレーモンである。

　彼は独自の検流計を発明し、電磁誘導コイルによって発生したパルス電流刺激を筋肉に与えると、筋肉の収縮を起こすことを示す実験を行った。そして、それらの成果として 1843 年に、筋肉の収縮は一定電流によって起こるのではなく、急激な電流の大きさの変化によって起こり、この時に神経の内部にイオンが発生することを発表した。この研究手法は、ガルバニズムに対して電磁誘導を発見したファラデーに因んでファラディズムと呼ばれるが、その成果は近代に続く電気生理学の基礎となるものであった。

　一方、電気治療法として静電気を使う方法は、前述のように 18 世紀

には広く使われていたが、イエズス会の僧侶により東洋医学の鍼治療が1774年にフランスに持ち込まれていた。これをルイ・ベルリオーズ（Louis-Joseph Berlioz（1776-1848）、フランス）が1811年に掘り起こしていたが、この知識をもとに血液ポンプを作ったことで知られるサランディエル（Jean-Baptiste Sarlandière（1787-1838）、フランス）が鍼と電気刺激を結び付けた。彼は1823年にボルタ電池の出現を見て、従来の電気治療法で筋肉の表面に静電電極を貼り付けていたのを、直流を使って鍼で刺す方法に応用した。しかし、直流を電気治療に使うことは連続して電流が流れるため危険である。ただ、1835年頃のクラークやステーレルによる電気治療用器具が付いた初歩的な直流発電機（**図3**）を見れば、直流とはいえ電圧は低く脈流であったので、電池ほどの危険性はなかったと思われる。この危険性は、ニーメイヤー（Johann Paul Otto Niemeyer（1832-1890）、ドイツ）が1859年に指摘しており、直流発電機の性能が上がってからは使われることはなかった。

　電気がこのような形で使われたのは、その電気ショックに何らかの治療効果を期待したからで、その後も高周波技術や高電圧技術の開発とともに、危険な治療法も試みられた歴史がある。しかし、それらの治験をもとに、

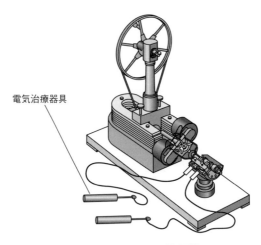

電気治療器具

図3　ステーレルの発電機

今日では電気と神経および筋肉の関係を使った電気治療法は電気痙攣療法（Electroconvulsive Therapy）と呼ばれ、現代医学の中で物理療法の1つとして正当な位置を与えられている。また、エレクトロニクスと材料技術の進歩と共に筋電位を検出することで、軽量な義手を動かす試みもすでに実用化に近い段階にある。ガルバニズムが姿を変えて復活したと言えるかもしれない。

参考文献

（ 1 ）A. de la Rive：A Treatise on Electricity, Vol.3, p.586, 1858

（ 2 ）Blondel, C., Wolff, B.　http://www.ampere.cnrs.fr/parcourspedagogique/zoom/galvanivolta/grenouilles/index-en.php

（ 3 ）Whitaker, H., et al.：Brain, Mind and Medicine, ISBN 978-0-387-70966-6, p.36, 2007

（ 4 ）Bernardi, W.　http://ppp.unipv.it/Collana/Pages/Libri/Saggi/NuovaVoltiana_PDF/quattro.pdf

（ 5 ）Piccolino, M.：Brain Research Bulletin, Vol.45, No.5, pp.381-407, 1998

（ 6 ）Finkelstein G.：Front Syst. Neuro Sci. p.133, Sep. 2015　https://www.ncbi.nlm.nih.gov/pmc/articles/PMC4588001/

（ 7 ）Prescott, G.B.：Dynamo-electricity, p.536, 1884

（ 8 ）Sabbatini, R.M.E.　http://www.cerebromente.org.br/n04/historia/shock_i.htm

（ 9 ）http://nihondenshi.xsrv.jp/hp/

（10）http://www.businessinsider.com/advanced-darpa-prosthetic-arm-2016-5

（11）https://www.ottobocks.com/prosthetics/upper-limb-prosthetics/solution-overview/bebionic-hand/

（12）Mcdonald A.J.R.：Acupuncture in Medicine, Vol.11, No.2, pp.66-75, 1993

（13）Elsenaar, A., Scha, R.：Leonard Music Journal, Vol.12, pp.17-28, 2002

（14）Green, R.M.：Galvani on Electricity, 1953

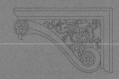

第**7**幕

回転電気機械はどのように発展してきたのか

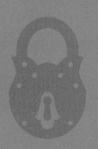

　本書では 19 世紀を舞台とする電気技術発展の経緯を述べてきた。その中でも回転電気機械の発展は大きな役割を占めているが、その最初のきっかけを作ったのはボルタ電池である。その後、エルステッドが発見した電気と磁気の相互関係の発見をベースに、電気による動力変換の道が開けた。

　本書では、それ以後 19 世紀末に現在の回転電気機械の基礎が固まるまでに辿った道筋を俯瞰してきた。ただ、その過程には様々な態様があり、それぞれの幕で個別に記してきたが、それらを全体から見た場合、そのつながりを個々の区切りでつかむことは難しい。そのため、ここでは筆者の調べた範囲の知見をもとに線図を使って全体の流れを提示し、その中で開発された個々の機械の占める位置を**表 1**（pp.162-163）によって提示する。

電磁石を使った回転電気機械

　最初に電流によって磁石が動くという現象を示したのはシュバイガーで、**検流計**の原理を示すもので 1820 年のことであった。これを電動機らしきものとして示したのはイェドリクに始まる。しかし、その後、この原理を使って動力を得る機械は、模型レベルの電気自動車に使われたのみで大きな発展はなく、わずかに 20 年後の 1852 年のヴァグネス（Maurice Vergnes（不明））の例で途絶えている。

　一方で、電気を使って動力源とするヒントを与えたのはアラゴの実験である。これによって電磁石が開発され、その吸引力を動力に変える**磁石吸着**による装置が作られたが、動作範囲が小さかったため、**クランク**機構を使うことによって回転運動に変え、機械的な動力を得ることに成功した。しかし、元来が小変位の回転運動への変換であるため、目新しい機構は開発されなかったものの 1850 年頃まで生き延びている。

　磁石面への吸着では大きな変位を取れない欠点を解消するために、蒸気機関のピストンと同じような動作をする中空コイルを使った方法によって、直線変位を大きくする**プランジャ方式**が考えられた。磁石吸着方式よりは比較的大きな動力を得ることができたが、1851 年にペイジがこの方式によって電気機関車を走らせたものの、これに続くものは出現していな

い。

　磁石吸着方式の欠点を解消する方法として考えられたのが、車輪の外周に鉄片を張り付け、外枠に取り付けられた電磁石が鉄片を吸引することで回転動力を得る**磁石吸引回転法**である。この方式は、車輪の慣性を使うため大きな動力を得ることができた。この方式では車輪を大きくし、円周上の磁石の数を増やすことで大きな力を得ることができることから、直流電動機が現れるまでの動力源としては一番寿命が長かった。しかし、19世紀中頃になると、機械的動力源として蒸気機関の技術は行きわたっていて、電池を電源とする電磁石利用の動力源はその需要に十分に対応できず、直流電動機が出現する1870年頃までが限界で、広く行きわたることはなかった。

電磁誘導を使った回転機械

　ファラデーの発見した電磁誘導現象の利用は、現代まで続く電気エネルギーの機械動力への変換原理であるが、これを発電機として使うための機械動力には最初から回転運動が使われた。もちろん初めは手回しの回転運動でライブの発明した整流子を使い、**永久磁石界磁方式**で、磁石の側面または端面でコイルを回転させる方式から出発した。このような構造から、電機子コイルが回転円盤の周辺に回転軸と平行に配置された**平板回転子形式**が主流となる。したがって、ここでの整流子は円盤状をしていた。

　電力の用途は、電気治療器や実験道具など小出力のものであった。その後、電気メッキ法が開発されて大電流の需要が発生すると、永久磁石界磁では間に合わなくなり、電磁石界磁、つまり**巻線界磁方式**が出現する。この界磁への励磁電流は、永久磁石を界磁とする発電機から得る方式が使われた。つまり**他励方式**であるが、この方式は程なくホイートストンとジーメンス・C.W が同時に発見した**自励方式**に切り替わる。しかし、この原理はそれより19年も前にブレット（John Watkins Brett（1805-1863）、イギリス）により特許化されているものであった。

　この時期、大電流の需要が高まったことから電機子の構造は変革期にあ

り、従来の円盤型から**環状電機子**や**円筒形電機子**が出現してくる。環状電機子は、円筒形整流子との親和性が良いことから導入されたが、放熱条件が悪いことから様々な形態のものが出現した。他方、円筒形電機子は、ジーメンスボビンとして 1854 年に開発され、最初から円筒形整流子を使った小型の発電機として使われていた。大型化するに伴って放熱方法も改良され、最終的には、この円筒形電機子構造が主流となり、現代に至る直流発電機の構造が確定した。

　この間、発電機と電動機の間に互換性のあることがグラムによって 1873 年に発見されると、小型の動力需要に応える原動機としての用途が開発されるが、徐々に出力の大きい直流電動機が開発され、後には電気鉄道の動力源として不動の地位を獲得する。

　一方、特殊な発電機としては、ファラデーがアラゴの円盤を研究し、**モノポール**（単極）**発電機**を発明している。しかし、この原理はその後 30 年間ほとんど顧みられることがなかったものの、低圧大電流の必要な電気分解用電源として 1862 年に発掘され、1890 年頃まで作られたらしいが、その後、どの程度使われたかは不明である。

交流による回転機械

　交流電流の用途は最初から照明用としてのアーク灯の電源であった。しかし、灯具の改良と変圧器による配電網の改良によって交流需要は拡大し、それとともに交流発電機も発達するが、その界磁極は直流の場合と同じように最初は永久磁石を使った**固定界磁方式**であった。しかし、それらも巻線界磁方式が導入されるとともに、界磁が回転する**回転界磁方式**が導入される。

　一方で、発達していた直流発電機を励磁用として使う形式で発展し、1888 年のテスラの回転磁界の発見前にも**二相交流発電機**が出現していた。その後、テスラの回転磁界の発見に伴って**多相交流発電機**が完成され、現代の三相交流発電機へとつながる。また、回転磁界の応用機械として、**同期電動機**や**籠型誘導電動機**が出現して今日に至っている。この間、鉄片と

磁極の間で発生する誘導電流を利用した誘導発電機が出現するが、回転磁界を使った交流機械の陰で消えていった。ただ、電機子に流れる電流を巧みに使った**回転変流機**は、交直変換機として近代まで広く使われていた。

本書で記した人物

　表２（pp.164-168）は、本書において各年代で関与した人物の原氏名と国を提示している。日本語表記は正確に原氏名を表現しているとは言えず、これらの人物のデータを調べるためには原氏名が必要と考えたからである。

　最後に、本書では詳細にその業績について触れることができなかったが、回転電気機械の基礎を作った人物としてボルタ、ファラデー、アンペア、テスラの氏名を挙げて終わりにしたい。

表 1　回転電気機械の変遷

西暦(年)	共通事項	直流機 電動機	直流機 発電機	交流機 発電機	交流機 電動機
1800	ボルタ(電池の発明)				
‥‥					
1820	エルステッド(電磁現象の発見)	検流計型 シュバイガー			
‥21	アンペア(アンペアの法則) アラゴ(電流による磁化現象発見)	アンペア			
‥22	アラゴ・ファラデー(単極モータの発明)				
‥23					
‥24					
‥25	スタージャン(電磁石の発明) バーロー・アラゴ(アラゴの円盤)				
‥26					
‥27	オーム(オームの法則)				
‥28					
‥29					
1830		磁石吸着方式 ダル・ネグロ	イエドリク		
‥31	ファラデー(電磁誘導現象発見)	ヘンリー		モノポール発電機 ファラデー	
‥32					
‥33	アトキンス(残留磁気発見)	ダベンポート リッチ			
‥34					
‥35		グランク式 ベイジ ボット	「平板回転子/永久磁石界磁」 ピクシー ピクシー ビューエム		
‥36		シュルテス エドモンドソン スタージャン ヤコビ			
‥37			サックストン クラーク ステーレル		
‥38	ライプ(整流子の発明)	磁石吸引回転 スチムソン テイラー クック・B ホイートストン イライアス ダビッドソン			
‥39		ライト・T フルボウス ベイジ			
1840		ブランジャ方式	ホイートストン		
‥41					
‥42	ブレット(自励方式の特許)				
‥43					
‥44		フロメント			
‥45		フロメント ベイジ	ウールリッチ ステーレル		
‥46					
‥47					
‥48					
‥49				自励発電機	
1850		ヨルト リリー	ハル		バーレイ
‥51	シンステデン(自励発電の提案)	ヴァクネス ベイジ			円筒電機子 ジーメンス・W ヨルト
‥52					
‥53					
‥54		ル・ルー		「単相発電/固定界磁」 ラリアンス社	
‥55					
‥56					
‥57					

図（電気機械の系譜・年表 1858〜1900）

縦軸（年）：‥58 ‥59 1860 ‥61 ‥62 ‥63 ‥64 ‥65 ‥66 ‥67 ‥68 ‥69 1870 ‥71 ‥72 ‥73 ‥74 ‥75 ‥76 ‥77 ‥78 ‥79 1880 ‥81 ‥82 ‥83 ‥84 ‥85 ‥86 ‥87 ‥88 ‥89 1890 ‥91 ‥92 ‥93 ‥94 ‥95 ‥96 ‥97 ‥98 ‥99 1900

左端の主要事項：
- エイサ
- ガウス / マックスウェル
- ヴィカースハム
- グラム（発電機・電動機の互換性発見）
- ヤーブロチコフ（変圧器システム）
- ドブリ（回転磁界講演）
- テスラ（回転磁界の特許）
- 176km長距離送電（ドイツ）

直流電動機
- グラム
- シーメンス社
- トルーヴェ
- メリデンス
- ダフト
- スプレーグ
- クロッカーホイーラ社

巻線界磁 ワイルド

環状回転子 パチノッチ
- グラム
- ブラス、シュッカート ウエストン
- 凸型電機子 ビュルキン
- ビュルキン
- 球型電機子 ファブル ビューストン
- ジーメンス・W モーリング、パウル エルフェンセン
- ホプキンソン グレイ、ホール
- エジソン
- クロンプトン、カップ フォーブス
- ブラウン
- ブラッシュ、トムソン・E. ヒューストン

他励発電機 ワイルド
- ホイートストン
- ジーメンス・C.W

回転界磁 ロンデン
- グラム
- メリデンス アルテネック
- ホプキンソン
- フェランティ
- 多相発電機 ゴードン
- ガンツ社 カップ
- ハーゼルワンダ フェランティ

異形発電機 ヤーブロチコフ
誘導発電機 モーディ
- モーディ スタンレイ

同期電動機

回転変流機
- ブラウン ブラッシュ トムソン・E
- ブラウンボベリ社

誘導電動機 ドブロウォルスキー
- ドブロウォルスキー

表2　人名リスト

該当年	氏名	原氏名	国
1800	ボルタ	Alessandro Giuseppe Antonio Anastasio Volta	Italy
1820	アラゴ	François Jean Dominique Arago	French
	アンペア	André-Marie Ampère	French
	エルステッド	Hans Christian Ørsted	Denmark
	シュバイガー	Johann Salomo Christoph Schweigger	German
1821	ファラデー	Michael Faraday	England
1822	アンペア	André-Marie Ampère	French
1824	アラゴ	François Jean Dominique Arago	French
	スタージャン	William Sturgeon	England
	バーロー	Peter Barlow	England
1827	オーム	Georg Simon Ohm	German
1830	イェドリク	Jedlik Ányos István	Hungary
	ダル・ネグロ	Salvatore Dal Negro	Italy
1831	ファラデー	Michael Faraday	England
	ヘンリー	Joseph Henry	USA
1832	ピーエム	P.M.	England
	ピクシー	Hippolyte Pixii	French
1833	エドモンドソン	T.Edmondson, Jr.	USA
	シュルテス	Rudolph Schulthess	Swiss
	スタージャン	William Sturgeon	England
	ダベンポート	Thomas Davenport	USA
	リッチ	William Ritchie	Scotland
	ワトキンズ	Francis Watkins	England
1834	ペイジ	Charles Grafton Page	USA
	ボット	Giuseppe Domenico Botto	Italy

フランクリン

ガルヴァーニ

ボルタ

ロマニョーシ

該当年	氏名	原氏名	国
1834	ヤコビ	Moritz-Hermann von Jacobi	German
1835	クラーク	Edward Marmaduke Clarke	England
	サックストン	Joseph Saxton	USA
1836	ステーレル	Emil Stöhrer	German
1838	スチムプソン	Solomon Stimpson	USA
	ライブ	Auguste Arthur de la Rive	Swiss
1839	テイラー	William Taylor	USA
1840	クック・B	Brevet de Truman Cook	
	フォーブス	George Forbes	England
	ライト・T	Thomas Wright	England
	ブルボウズ	Jean-Gustave Bourbouze	French
1841	ペイジ	Charles Grafton Page	USA
	ホイートストン	Charles Wheatstone	England
1842	イライアス	P. Elias	Netherlands
	ダビッドソン	Robert Davidson	Scotland
1844	ウールリッチ	John Stephen Woolrich	England
	ステーレル	Emil Stöhrer	German
	フロメント	Paul-Gustav Froment	French
1845	フロメント	Paul-Gustav Froment	French
	ペイジ	Charles Grafton Page	USA
1847	フロメント	Paul-Gustav Froment	French
1848	ブレット	John Watkins Brett	England
1849	ヨルト	Søren Hjorth	Denmark
1850	リリー	John Hoyt. Lillie	USA
1851	シンステデン	Wilhelm Josef Sinsteden	German
	ネフ	Jacobi Neff	USA
	ペイジ	Charles Grafton Page	USA

アンペア　　　　バーロー　　　エルステッド　　　アラゴ

該当年	氏名	原氏名	国
1852	ヴァグネス	Maurice Vergnes	
	バーレイ	Samuel Alfred Varley	England
1853	ノレ	Floris Nollet	Belgium
1854	ジーメンス・W	Ernst Werner von Siemens	German
	ヨルト	Søren Hjorth	Denmark
1855	ル・ルー	François-Pierre Le Roux	French
1856	ラリアンス社	Societe de l'Alliance	French
1858	エイサ	Friederick Yeiser	USA
1862	ワイルド	Henry Wilde	England
1864	パチノッチ	Antonio Pacinotti	Italy
1866	ワイルド	Henry Wilde	England
1867	ガウム	Chas. J. B. Gaume	USA
	ジーメンス・C.W	Charles William Siemens	German
	ホイートストン	Charles Wheatstone	England
	ホルムズ	Frederick Hale Holmes	England
	マッククロウ	Lewis H. McCullough	USA
1868	ヴィカースハム	William Wickersham	USA
1869	グラム	Zénobe Théophile Gramme	Belgium
1873	グラム	Zénobe Théophile Gramme	Belgium
1874	ロンティン	Diedonni Francois Joseph. Lontin	French
1875	グラム	Zénobe Théophile Gramme	Belgium
1876	ウエストン	Edward Weston	USA
	シュッカート	Johann Sigmund Schuckert	German
	ワラス	William Wallace	USA
1877	グラム	Zénobe Théophile Gramme	Belgium
	ビュルギン	Emil Bürgin	Swiss

オーム

ロナルズ

ファラデー

該当年	氏名	原氏名	国
1878	アルテネック	Friedrich von Hefner Alteneck	German
	ジーメンス・W	Ernst Werner von Siemens	German
	ビュルギン	Emil Bürgin	Swiss
	メリテンス	Baron Auguste de Méritens	French
	ヤーブロチコフ	Павел Николаевич Яблочков	Russia
1879	バウル	Gustav Baur	German
	ヒューストン	Edwin James Houston	USA
	モーリング	H. G. Mohring	
1880	ジーメンス社	Siemens & Halske AG	German
	ファイン	Wilhelm Emil Fein	
1881	シーレイ	Charles A. Seeley	USA
	トルーヴェ	Gustave Trouvé	French
	ホール	Thomas S. Hall	USA
	ホプキンソン	John Hopkinson	England
	ユルゲンセン	Christopher Peter Jürgensen	Denmark
1882	エジソン	Thomas Alva Edison	USA
	フェランティ	Sebastian Pietro Innocenzo Adhemar Ziani de Ferranti	England
	ヤーブロチコフ	Павел Николаевич Яблочков	Russia
1883	ゴードン	James Edward Henry Gordon	England
	メリテンス	Baron Auguste de Méritens	French
	モーデイ	William Morris Mordey	England
1884	スプレーグ	Frank Julian Sprague	USA
	ダフト	Leo Daft	England
1885	カップ	Gisbert Johann Eduard Kapp	Austria
	ガンツ社	Ganz Works	Hungary
	クロンプトン	Rookes Evelyn Bell Crompton	England

カラン

ピクシー

グラム

該当年	氏名	原氏名	国
1885	ドプレ	Marcel Deprez	French
1886	カップ	Gisbert Johann Eduard Kapp	Austria
	フォーブス	George Forbes	England
1887	ハーゼルワンダ	Friedrich August Haselwander	German
1888	スタンレイ	William Stanley, Jr.	USA
	クロッカーホイーラ社	Crocker & Wheeler Company	USA
	テスラ	Nikola Tesla	Serbia
	トムソン・E	Elihu Thomson	USA
	ブラッシュ	Charles Francis Brush	USA
	ヒューストン	Edwin James Houston	England
	フェランティ	Sebastian Pietro Innocenzo Adhemar Ziani de Ferranti	England
	ブラウン	Charles Eugene Lancelot Brown	Swiss
	モーデイ	William Morris Mordey	England
1889	ブラッドレイ	Charles S. Bradley	
1890	トムソン・E	Elihu Thomson	USA
	ブラウン	Charles Eugene Lancelot Brown	Swiss
1891	ブラウンボベリ社	Brown, Boveri & Cie	Swiss
1893	ドブロウォルスキー	Михаил Осипович ДоливоДобровóльский	Russia
	ブラウンボベリ社	Brown, Boveri & Cie	Swiss
1896	ドブロウォルスキー	Михаил Осипович ДоливоДобровóльский	Russia

ヤーブロチコフ

テスラ

スタンレイ

〈著者略歴〉

矢田 恒二 (やだ つねじ)

1933 年京都市生れ。1958 年立命館大学
理工学部電気工学科卒業。1958 年工業
技術院機械試験所（現・産業技術総合研
究所）入所。企画室長、機械部長、ロ
ボティクス部長歴任。1990 年オムロン
（株）技術本部副本部長。2000 年（社）
機械技術協会副会長。2000 年（財）マ
イクロマシンセンター、調査研究部長。
1996 年〜矢田技術士事務所所長。

電気技術発展の秘話
—技術を陰で支えた人々—

2020 年 3 月 17 日　　第 1 版第 1 刷発行

著　　者　矢田恒二
発行者　村上和夫
発行所　株式会社 オーム社
　　　　郵便番号　101-8460
　　　　東京都千代田区神田錦町 3-1
　　　　電話　03(3233)0641（代表）
　　　　URL　https://www.ohmsha.co.jp/

© 矢田恒二 2020

組版　アトリエ渋谷　　印刷・製本　壮光舎印刷
ISBN978-4-274-22524-6　Printed in Japan

本書の感想募集　https://www.ohmsha.co.jp/kansou/

本書をお読みになった感想を上記サイトまでお寄せください。
お寄せいただいた方には、抽選でプレゼントを差し上げます。